MASTER ARCHIVE MOBILE SUIT
RX-78GP01
ZEPHYRANTHES

■「全方位推進型」（FULL BURNERN）
命名源於宇宙機噴射噴嘴的俗稱「燃燒器」
（BURNER），據說包含「全力噴射者」或
「全身裝備推進器的MS」之意。

CONTENTS

004 **GP01的開發經緯**
GP01 Development History

024 **GP01重力環境測試**
GP01 Technical Verification At Earth

036 **GP系列各機解說**
RX-78GP Series

070 **鋼彈試作1號機的結構**
Structure of RX-78GP01(Fb)

092 **GP01的武裝**
Weapons of GP01

098 **GP01全方位推進型重力環境測試**
GP01-Fb Technical Verification At Moon

106 **核心戰鬥機 II**
FF-XII CORE FIGHTER II

114 **強襲登陸艦〈亞爾比翁〉**
AMPHIBIOUS ASSAULT SHIP ALBION

RX-78GP01
鋼彈試作1號機〈傑菲蘭沙斯〉

GP01 Development History

GP01 的開發經緯

RX-78GP01 鋼彈試作 1 號機，是在一年戰爭結束約 3 年後的 U.C.0083 年，由亞納海姆電子企業（以下簡稱 AE 公司）公開的鋼彈（MS）試作機。本機的設計理念承襲一年戰爭時地球聯邦軍的旗艦機 RX-78-2「鋼彈」，在戰後摸索 MS 存在價值的期間推出，是名符其實的試作機，值得關注的是它確立了和量產機對立的「局地戰用 MS」的概念。

RX-78-2「鋼彈」可說是替其後的 RGM-79「吉姆」（GM）確立了技術基礎。但對於 AE 公司來說，經過一年戰爭的洗禮，已然掌握地球圈內逐漸萌芽開花的所有 MS 技術，並不需要像欠缺 MS 技術時一樣，向聯邦證明自家技術水平，當務之急反而是證明次世代 MS 的概念。在軍需企業重整，軍隊快速縮減的局勢下，為了贏過正規軍工廠，AE 公司必須做出挑戰。次世代 MS 到底應該是什麼型態？AE 公司從一年戰爭時傳說中的 MS「鋼彈」身上，找到了這個問題的解答。至少在 U.C.0081 年當時，也只有 AE 公司有能力自行決定 MS 的未來。這也就相當於 AE 公司決定今後戰爭的型態，更進一步地說，說是 AE 公司決定人類的歷史也不誇張。

在 AE 公司的「鋼彈開發計畫」（GP 計畫）中，已經確認有 GP01 到 GP04 的開發計畫。各計畫設計的局地戰機各有不同的運用想法，唯一共通的理念就是「追求 MS 的可能性」。以 GP01 為例，聯邦軍主力 MS 未採用的核心區塊系統重獲青睞，只要換裝就能轉換作戰模式的嶄新多用途概念，正是它被稱為「試作」機最主要的原因。計畫機機體僅供展示，正可謂是概念型 MS。

GP 計畫的 MS 還有其他特徵。雖然這些計畫機有著完全不同的外觀與功能，但骨架仍有某種程度的共通性；再加上採用模組化結構的結果，零件的相容性也更高。各機型態都是組合單一模組或多功能模組，實現合乎特定任務需求的結果。AE 公司確立了以封裝方式建構 MS 功能的手段，為 MS 的設計和建造效率帶來飛躍性的成長。

近代的兵器通常會選擇量產以便壓低成本，但考量到少數高性能 MS 的存在即可支配一個戰鬥區域的戰況，那麼組合這些高性能 MS 和專用艦艇，此一戰略的有用性將不可估量。特別是在一年戰爭後，不太可能再發生有如一年戰爭般大規模 MS 戰的狀況下更是如此。除了量產機生產線之外，AE 公司已預見高性能 MS 確有其存在價值，因而努力摸索效率極高且儘可能壓低成本的生產手段。

本書將為讀者解說開發本機的 AE 公司如何在戰後成為一大複合企業，又是在什麼想法下推動鋼彈開發計畫，並說明當時的時代背景和地球圈情勢等。同時為闡明 GP 計畫的本質，也將仔細說明 GP01 的內部結構、運用方法等。

填補遺失時期（Missing Link）的機體群

截至戰後某個時期為止，一般都認為AE公司的第一架原創MS是於U.C.0084年公開。企圖揮軍戰後MS市場的AE公司，據說在大戰結束後花了四年時間努力推動基礎研究和開發試作機，終於推出RX-106/YRMS-106。

然而即使是獲採用為制式機的RMS-106「高性能薩克」機體，其實也是在富蘭克林·維丹上尉領軍的聯邦軍官立工廠派遣技師們的協助下，才得以完成，實質上來說還是一台官民合作機。而且決定量產後，主發電機製造商還馬上被改成Takim公司，對AE來說可說是屈辱至極的「首度採用」，絕對不是值得驕傲的成果。

然而就一家在之後的聯邦內亂期（U.C.0087年格里普斯戰役開始的地球圈戰亂），陸續投入第二、第三、第四世代MS的領導廠商而言，其於U.C.0080年代初期的動向現今看來實在很落後。老實說以格里普斯戰役為分水嶺，相對於其後的大躍進，這段「助跑時間」實在長得很不自然。因此長久以來專家之間就有傳言，指出戰後不久可能有未公開的大規模MS開發計畫，而且還傳得煞有介事。

而這一大謎團的解答突然揭曉了。U.C.0099年AE公司突如其來地公開幾頁資料，主題為「U.C.0083年度試作MS群」，證實了長達10年以上一直籠罩在濃霧裡的「填補遺失時期的機體群」的存在。這也就是有關現今我們所知的「鋼彈開發計畫」，俗稱「GP計畫」的一連串MS開發計畫「16年後的第一報」。

為什麼AE公司會選擇在這個時間點自行公開GP計畫的存在？關於這一點，當時處於寡占狀態的MS事業的競爭對手，亦即S.N.R.I.（Strategic Naval Research Institute，海軍戰略研究所）的崛起，應該發揮了一定程度的影響力。U.C.0090年代後期，聯邦軍內部組織S.N.R.I.投入MS開發事業，對AE公司來說相當值得警戒。因此AE公司曝光和軍部之間的「黑暗過去」，試圖牽制軍方內部主張提高官製MS開發比重的勢力。AE公司向社會大眾公開「軍方一度採用為制式機，後又一筆

勾銷」這種「不應存在的機體」，藉此警告軍方可能會進一步爆料，以確保自家公司的聖域，這種推測應該還算合理吧。

總而言之，在這樣的經過下曝光，且依然充滿謎團的「GP計畫」，我們希望利用已公開的官方資料與關係人士的各種證詞，還有當時至今發布的各種報導，來闡明這項計畫的全貌。

亞納海姆電子企業的沿革

如果要問AE公司到底是什麼樣的存在，會得到許多答案。比較制式的回答像是「由家電產品到軍用航宙艦艇，無所不包的大集團」，或者是「開發機動兵器的領航企業」；也有人會從經濟層面來思考，認為AE公司是「地球圈的經濟核心」「畢斯特財團的斂財機器」等。說不定還有人站在批判的立場，聲嘶力竭地強調這是一家「公然把武器賣給反聯邦勢力的死之商人」「操控聯邦政府的幕後黑手，以企業為名的政治結社」。

對AE公司的見解會因每個人的立場而不同，但至少「規模大到無法掌握全貌」這一點，可說是所有人的共識。畢竟這家公司旗下生產許多包含兵器在內的高機密性產品，連內部員工都不知道隔壁部門在做什麼，外人更不可能掌握全貌。就連MS相關部門也籠罩在迷霧中。雖然在各種公開資料和相關人士作證下，已消除大部分迷霧，但還是有許多讓人不解之處。在此僅說明一般人認知的「AE公司踏上獨家開發MS」的沿革。

AE公司作為一家兵器製造商，從一年戰爭前就開始投入製造戰鬥艦艇和軍用航宙機。一接觸到Side 3開發的新式兵器MS※的資訊，就極為看好它的將來，並給予高度評價。在大戰即將爆發的U.C.0078年開始，AE公司的先進開發事業部（俗稱工作俱樂部，Club Works）即啟動MS的基礎研究。約與此同時，AE公司也參與地球聯邦軍發起的MS開發計畫「RX計畫」※。

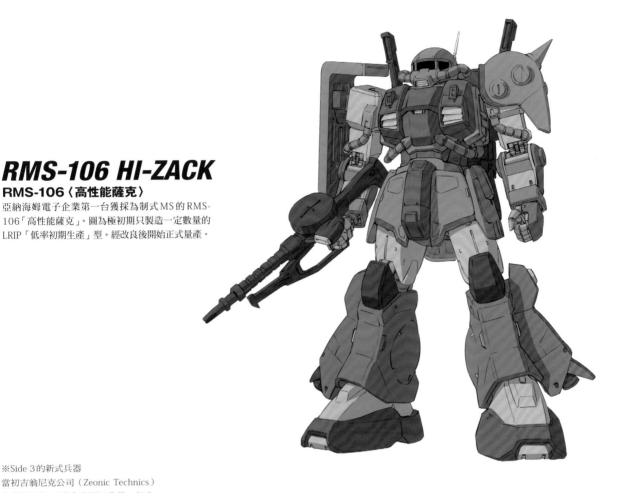

RMS-106 HI-ZACK
RMS-106〈高性能薩克〉

亞納海姆電子企業第一台獲採為制式MS的RMS-106「高性能薩克」。圖為極初期只製造一定數量的LRIP「低率初期生產」型。經改良後開始正式量產。

※Side 3的新式兵器
當初吉翁尼克公司（Zeonic Technics）公開MS時，定位為新型工作機，但支援Side 6革命時因投入MS-05「薩克Ⅰ」武裝機動部隊，作為兵器使用的實情因而曝光。

※RX計畫
之後和「V作戰」整合的RX計畫，被視為AAA級的最高機密，同時也是有超過100家民間企業參與的知名官民合作計畫。當時在兵器製造業界已占有一席之地的AE公司，據說還安排集團旗下幾家公司也參與同一計畫。

※AE公司獨家MS
也有人主張在一年戰爭末期，AE公司就已經開始試作自製MS。此說力主AE公司製造AX-C10等機體，於大戰末期的非洲戰線、公國軍掃蕩作戰中投入實戰測試。但地球聯邦軍甚至是FSS（Federation Survey Service）等官方組織中，卻沒有相關機體的任何資料。AE公司至今也未公開承認相關機體的存在，不能不說這說法令人存疑。可是深信AX-C10存在的人，主張是因為實戰測試中實驗機暴走，政府及軍方因此隱瞞相關機體的存在。為求平衡報導，也在此說明。

之後隨著RX計畫機公開，該計畫開花結果，AE公司也受託負責實戰型RGM-79系列MS的部分製程。

這麼一來，AE公司不但透過地球上的生產據點，協助聯邦軍開發、生產MS，同時以月面都市馮・布朗為據點的月球分公司，身兼吉翁公國強有力的夥伴。

U.C.0079年1月，吉翁公國發動閃電般的侵略作戰，控制了絕大部分的月球。而被委任統治月球表面的突擊機動軍司令基西莉亞・薩比少將，有鑑於AE公司的影響力，並未占領該公司的老巢馮・布朗市。她認為軍事鎮壓並非難事，但與其出手造成生產設備的物理性破壞，或引發聯合抵制等抵抗運動，不如承認其中立地位，利用AE公司的生產與開發能力反倒更有利。

基西莉亞以實際利益為優先的政治判斷，令AE公司免於月球分公司被接管的命運，因而給她的回報就是一邊保持適當距離，一邊接吉翁公國軍隊的訂單。據說AE公司從公國占領下的格拉那達工業區生產MS相關部件開始，最終得以參與MS-06系列多變化機的開發。

基於上述背景，AE公司同時參與兩軍的MS生產，逐步累積MS的「製造技術經驗」。不過絕大多數人仍認為至少在戰時，AE公司還不具備獨自設計、開發MS的技術能力※。一直到地球聯邦軍在一年戰爭大獲全勝之後，才出現劇烈的變化。

一年戰爭的戰後處理

U.C.0079年底,隨著地球聯邦和吉翁公國的戰爭結束,MS周遭環境也出現劇烈變化。戰前對MS存疑的人,開戰後不得不承認MS這種新兵器的有效性,不光是宇宙軍,連陸海空各軍都開始尋求將MS配備在重要據點的有效戰術運用。隨著MS的成功,戰略、戰術用兵思想煥然一新,戰爭結束時MS已經成為軍事力不可或缺的一環。

戰事雖然告一段落,但事實上聯邦軍和公國軍餘黨仍常有零星交戰。為因應這種前所未見的社會危機,聯邦政府決定改弦易轍,開始促進和平時期的經濟活動,停止由政府(軍)主導集中生產兵器的戰時緊急體制,推動為生產兵器而整合的相關企業體恢復戰前的形態,以作為經濟復興政策的一環。然而為生產MS及相關機材,被要求在限定期間內和大公司整合的大多數中小企業,事實上等於是被大資本的企業體併吞,這種趨勢早已無法回頭,結果戰前支撐軍需產業的大企業更為巨大。在這種背景下,相對於由開戰前到戰時都是MS生產主力承包商的Vic Wellington公司,AE公司迅速成長為在MS領域可與之互相抗衡的企業。

雖然戰勝,但聯邦軍也付出了慘痛的代價。不論是陸海空宇宙各軍種,包含在V作戰發動前整頓完成的海上、宇宙船艦和戰機、戰鬥車輛等一般兵器,以及發動後大量生產的MS,都因戰爭的關係而嚴重不足。為了持續對抗公國軍餘黨,當然不能讓戰力持續低下和分散,因此為了有效運用殘餘戰力,除了進行暫時性的組織重整,也將補充並充實各軍裝備當成當務之急。

為了重啟因戰爭而陷入混亂的各種兵器生產據點,政府對各企業畫大餅,獎勵「以自主設備投資進行積極整頓」,約定「保證可享受將來的經濟優惠措施」。以日本文化比喻,就像是亂發「御朱印狀」,即使拿到也得不到任何神明庇佑。各軍種紛紛針對裝備的優先必要程度分類,準備向可滿足需求的企業下單,但可想而知有能力接單的企業必然有限,因此也更加速了企業之間的整併。

在這樣的時代潮流下,聯邦軍主力機種RGM系列的MS生產仍如火如荼地進行中。政府雖將戰時向民間企業徵收的生產設備物歸原主,事實上設備卻成為集團母公司所有。政府(軍)的部分設備設施也移交給民間企業,條件是必須維持MS產線的運作。可想而知設備移交對象必然集中在有資本力的企業體,這也為MS生產集中在特定企業的現象推波助瀾。

RGM系列MS的生產機數雖然只有顛峰時期的20%左右,但卻有小幅改款與升級,以修正戰時在前線被發現的問題。地球上的生產線為求機材、資材、人員與生產力的效率化,轉而關閉傳統的宇宙規格機體相關產線,集中生產重力圈(特別是地球上)適用機體。此外也將過去用來進行機體最終組裝的設施,專門用來生產特殊裝備架裝機,將量產機體換裝成中距離支援(吉姆加農系列等)、水陸兩用(水中型吉姆系列)指揮管制、據點防衛專用等機體。

另一方面，宇宙用機體則委託月面都市馮·布朗周邊的工業設施統一生產。據說這一帶的資源開發、精鍊、精製設施、機械製造商工廠、造船建造公司等，大部分原本就歸屬於AE公司旗下，或受到AE公司某種程度的影響，戰後根本沒有Vic Wellington公司介入的空間。一般人的理解是AE公司以承接過去的MS各製程產線，並自行負擔生產設施改造費用，打造出由武裝、選配裝備一直到最後組裝為止的一條龍式生產模式為條件，成功搶下訂單。

月面都市格拉那達也有AE集團旗下的工廠設施，還有吉翁公國的吉翁尼克公司的工廠。戰爭末期這裡雖然也成為戰場之一，但卻未受到壞滅性的破壞，聯邦政府因此得以接收堪稱完好的吉翁軍相關軍需設施。

聯邦軍派遣聯邦軍情報部等科學技術解析專家團隊，前往格拉那達的吉翁尼克公司工廠和吉翁相關設施，以收集吉翁軍MS技術資訊，並進行第一手解析。因為事

屬軍事機密，專家團隊的成員也經過精挑細選，但有一說指出半數以上的專家都是AE公司旗下企業的研究、技術人員。聯邦政府甚至決定將格拉那達的吉翁系列企業設施和人員移交給AE公司。這件事的來龍去脈不應該在這裡提，總之結果就是AE公司取得MS開發的壓倒性優勢。原因之一是聯邦政府值此以經濟復甦為第一要務的時期，通常都不會反對不傷自己荷包的要求，但其實政府中樞和軍方首腦內部檯面下的權力鬥爭與世代交替，也發揮了重大影響力。

再說得具體一點，失去雷比爾將軍和提安姆提督的戰後地球聯邦軍，正努力建構組織本身的指針，但對於挺過戰爭存活下來的將官們來說，最關心的事自然是鞏固自己的地位。雖然部分宇宙軍還有危機意識，但地球聯邦議會當然不希望像一年戰爭這種大規模戰鬥再繼續下去，因此改弦易轍開始縮編軍隊。他們真正的想法是，要在宇宙怎麼作戰隨你們高興，但千萬不要像一年戰爭

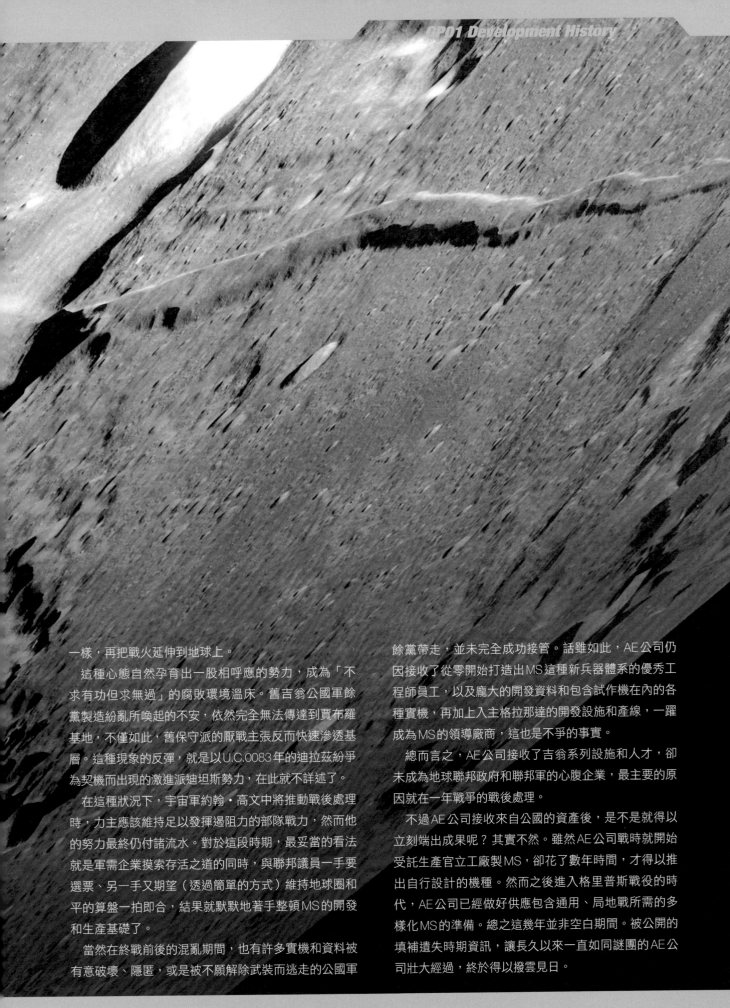

一樣，再把戰火延伸到地球上。

　　這種心態自然孕育出一股相呼應的勢力，成為「不求有功但求無過」的腐敗環境溫床。舊吉翁公國軍餘黨製造紛亂所喚起的不安，依然完全無法傳達到賈布羅基地，不僅如此，舊保守派的厭戰主張反而快速滲透基層。這種現象的反彈，就是以U.C.0083年的迪拉茲紛爭為契機而出現的激進派迪坦斯勢力，在此就不詳述了。

　　在這種狀況下，宇宙軍約翰‧高文中將推動戰後處理時，力主應該維持足以發揮遏阻力的部隊戰力，然而他的努力最終仍付諸流水。對於這段時期，最妥當的看法就是軍需企業摸索存活之道的同時，與聯邦議員一手要選票、另一手又期望（透過簡單的方式）維持地球圈和平的算盤一拍即合，結果就默默地著手整頓MS的開發和生產基礎了。

　　當然在終戰前後的混亂期間，也有許多實機和資料被有意破壞、隱匿，或是被不願解除武裝而逃走的公國軍餘黨帶走，並未完全成功接管。話雖如此，AE公司仍因接收了從零開始打造出MS這種新兵器體系的優秀工程師員工，以及龐大的開發資料和包含試作機在內的各種實機，再加上入主格拉那達的開發設施和產線，一躍成為MS的領導廠商，這也是不爭的事實。

　　總而言之，AE公司接收了吉翁系列設施和人才，卻未成為地球聯邦政府和聯邦軍的心腹企業，最主要的原因就在一年戰爭的戰後處理。

　　不過AE公司接收來自公國的資產後，是不是就得以立刻端出成果呢？其實不然。雖然AE公司戰時就開始受託生產官立工廠製MS，卻花了數年時間，才得以推出自行設計的機種。然而之後進入格里普斯戰役的時代，AE公司已經做好供應包含通用、局地戰所需的多樣化MS的準備。總之這幾年並非空白期間。被公開的填補遺失時期資訊，讓長久以來一直如同謎團的AE公司壯大經過，終於得以撥雲見日。

持續開發MS

U.C.0080年以後的幾年間，主導MS開發的軍方兵器開發局忙著整理、分析從吉翁公國取得的龐大軍事技術情報。目的之一就是取得有助於開發、研究次世代機的情報。然而為了開發次世代機，也不能只等待這些情報解析的結果。除了研發次世代機，也應持續摸索以現有技術開發新型機的可能性，以符合可隨時因應社會情勢變化提升性能的機體，以及現用機和次世代機之間過渡機體的要求。而這些成果也被用來提升RGM系列MS的性能。不再像RX-78開發時享有「優於一切」的特例措施，規模也大不如前的MS專屬開發研究部門，雖然無法祭出讓軍方得以向社會大眾宣傳高昂士氣的驚人成果，但因腳踏實地持續研究，在素材、機構、驅動等基礎研究領域卻有相當程度的進展。整合過去開發RX-78時累積的數據，以及實戰中收集的資訊，可說已經做好了開發更高性能機體的所有準備。

開發局也開始因應各軍隊的要求，整理新型MS的基礎設計案，可是陸海空宇宙各軍種的運用實績各有不同，宇宙軍的運用實績最好，所以次世代MS設計案定調為宇宙用機種。這也受到情勢分析的結果，也就是未來和假想敵的初期戰鬥舞臺應該會在宇宙的影響。至於在地球圈和太空殖民地內使用的陸海空三軍MS，則決定根據開發次世代機的過程中所得新技術，升級改造RGM系列機體以為因應。

次世代宇宙用MS的開發計畫，由兵器開發局內新設的第9係負責。然而一開始就面臨預算不足的難題，因此後來就與過去持續相關研究的MS專屬開發研究部進行整合。

一直懸而未決的聯邦軍戰力整頓案，在U.C.0081年底的議會終於拍板定案為「聯邦軍再建計畫」，次世代MS開發計畫也趁機編入正式軍備重建計畫。但當務之急還是填補傳統兵器的缺口，受限於預算，MS還是以提升RGM系列機體性能為現實的因應之道。新型MS過渡機的必要性雖然明確，但第9係的研究開發課題是遠遠凌駕現用機的次世代機，而非過渡機。為了解決這個問題，才有了給MS生產相關企業完成期限、委託開發製造原型MS的提案。

這個提案一看就知道這是政治力運作下的結果。Vic Wellington公司仍忙於生產RGM系列機體和改善性能，所以七早八早就表示無法積極參與過渡機MS案。其他有能力開發製造MS的廠商，也紛紛表示只能接單生產傳統兵器，唯有AE公司表態接受政府提案。

過渡機有不同於RGM系列機體的要求規格，也就是和RX-78一樣，以發展並導入核心區塊系統為前提。AE公司早已和哈比克公司攜手合作（後來哈比克公司併入AE公司），對於這個要求表示沒有問題，而且又已經以私人新創公司的形態，正式啟動新型MS開發部門，可迅速因應相關要求，聯邦軍因而決定將過渡機MS的開發委交AE公司進行。

其實也不能否認一種可能，也就是這個要求規格甚或是計畫本身，原本就是AE和哈比克公司的提案，目的是為了在戰後整頓、重整的浪潮中，讓政府認可哈比克公司的存續價值。此外AE公司獨自進行的MS設計草案內容雖以RX-78系列MS為本，但是和RGM系列機體之間最大的差異，是否只在於有沒有核心區塊系統，在這個時間點也不得而知。原本RX-78系列機體相關技術資訊就未廣為流傳，所以無法判斷AE公司的MS設計草案和RX-78基礎技術之間的相關程度。

無論如何，新型MS開發終於有了眉目（而且好像是以聯邦支出最小的條件簽訂合約），過渡機MS開發正式以「鋼彈開發計畫」這種虛張聲勢、欺騙社會大眾的名稱獲得認可。

在這樣的來龍去脈下，拿下「鋼彈開發計畫」的AE公司私人新創部門，好像也並不是把當時進行中的計畫直接當成過渡機MS的草案。因為AE公司獨家開發的機種，內容不見得符合聯邦軍對「鋼彈開發計畫」的期待，所以AE公司自行重新擬定基本方案。哈比克公司透過開發核心區塊系統，取得RX-78主要部位相關的人才與資訊（因為以文件和數據形式存在的資料，過去都被軍方視為機密），利用這些資訊擬定計畫，應該是比較順理成章的看法。AE公司和哈比克公司之間的合作，應該是針對以「鋼彈開發計畫」為前提的技術交換取得共識。另外值得一提的是，表面上AE公司雖然放棄研發獨家MS，私底下卻隱密地持續研究，成果就是後來RMS-099「力克・狄亞斯」（RICK DIAS）的原型，這一點就比較不為人知了。

順利取得「鋼彈開發計畫」生產合約、獨占開發事業的AE公司，目標就是要開發出超越過渡機MS定位的機體。從機體承襲RX編號的背景來看，也可窺見聯邦

軍在GP計畫針對MS的要求規格中所發現的價值。
正確來說，「鋼彈開發計畫」的目的不僅止於量產前
述作為連接次世代機橋梁的過渡機MS，而是尋求更
具體、更實際的次世代機布局。軍方表面上以開發
「鋼彈」的名義取得計畫許可和預算，然而他們想像
中的「鋼彈開發計畫」具體面貌，其實不過是再次
導入核心區塊系統的RGM系列機體罷了。

然而AE公司認為這是成為MS產業龍頭的大好機
會，因此透過巧妙地政治交涉，誘導軍方將契約內容改
成「製造可即時實現的概念機體」，亦即「生產新生鋼
彈系列的原型」。在和軍方首腦交涉時，還加入超出預
算時超出部分全由AE公司負擔這一點，用來交換軍方
同意AE公司存取RX-78開發相關之AAA級極機密龐大
資料的權利。

月面開發據點

雙方角力的結果，AE公司在自行設立「鋼彈開發計畫」專用的機密隔離設施，並接受軍方派遣機密監視人員的條件下，終於得到可取得多數RX-78以及RGM機體開發相關資訊的窗口。

在月面都市格拉那達的設施，由於作為吉翁尼克公司及吉翁相關企業的選址，同時具備交通方便等特點，事實上一直由軍情報部直轄管理。在聯邦軍的情報解析作業完成前，企業活動一直處於停止的狀態。原在格拉那達的軍需相關業種工作的技術人員，除了部分人員協助軍方解析情報外，其餘都變成冗員，於是決定連同舊吉翁相關企業的技術人員，一起移動到AE公司的新設施。軍方對AE公司的要求只有一條，便是做好資訊管理和隱祕性，就可以將「鋼彈開發計畫」設施設在太空殖民地之一，但AE公司卻以所有太空殖民地皆遭戰爭破壞、資材搬運不便、可能有通訊障礙等諸多理由，説服軍方同意將新設施設在月面上，並保證和居住區保持適當隔離。個中關鍵在於這個地點容易採集合成月神二製鈦合金不可或缺的資源。

馮‧布朗市街原本就有許多挖掘資源的地下礦場。有些礦場隨著市街區劃擴大而變身為居住區，但沒有地下連絡通道相連的孤立礦場，即使採礦結束後也未回填，也沒有再利用的計畫，就這麼被擱置了。AE公司向軍方申請購買其中一些礦場，作為鋼彈開發專用設施用地。主要鎖定的地點就是一年戰爭開戰前的月球水族展覽園區（Lunaquarium Museum Park）建設預定地。壟斷經營太空殖民地內所有大型娛樂設施的殖民地娛樂宇宙公司（CAU，Colonial Amusement Universe），原打算在此建設月球第一座真正重現地球圈海洋生物生態系樂園。這是一座活用地下礦場的設施，月面市民對它也寄予厚望，但工程受戰事影響只完成八成，之後CAU公司又因戰爭而破產，園區建設被迫中斷。包含展示設施在內，像是訪客住宿設備、餐廳區域等賓客用設備，以及展示生物生命維持設備收納區域、生物研究實驗室、員工後勤設備，幾乎都已完成卻被棄置。AE公司的如意算盤就是直接利用這些現成設施，再把實際生產MS的設施，透過新挖的連絡通道，設置在周邊的廢棄礦坑裡，並向軍方提出這個計畫案。

傳統的宇宙用RGM生產設備則持續稼動，將剩餘機器搬入新設施支援實動機試作。前往新設施並不能利用前面提到的地下連絡通道（事實上當初為建設園區，的確存在著機材搬運通道，但這些通道都在軍方嚴格監控下），AE公司強調這樣的據點雖然距離月面最大都市馮‧布朗很近，但卻是隔離孤立的設施，於是AE公司在新MS開發的同時，也著手準備專用設備。

無法輕易前往市內的選址條件，剛好成為留在格拉那達卻無事可做，處於半拘留狀態的吉翁相關企業技術人員的最佳收容設施。軍方的判斷是不打算長期拘留那些政治思想沒有太大問題的技術人員，但從保密的觀點來看，也不想讓他們自由進出格拉那達。AE公司的新設施正可謂是及時雨，因此大多數的吉翁相關企業員工，就和AE格拉那達公司的人員一起搬到新設施了。

在這些背景因素下，軍方順利取得迫切需要的「關雞的雞舍」，AE公司則獲得開發生產企業要取得壓倒性優勢所不可或缺的人才，在為未來布局的同時，也傾全力做好「鋼彈開發計畫」的準備。

鋼彈開發計畫

U.C.0081年10月13日地球聯邦議會通過「聯邦軍重建計畫」。這個計畫包羅萬象，軟體面措施如戰後快二年還看不到終點的復員事業、包含戰時特例法徵召人員之事後承認在內的整體組織重整；硬體面措施則如復原遭戰爭破壞的軍事設施、補充戰時損耗兵器、細查戰利品兵器等。當然也包含重新檢討兵器開發計畫的整合或廢止，做了全面徹底詳查。

舉例來說，戰時常有多條開發線同時並行，其中還有許多概念類似的開發計畫，亂成一團。有些計畫以競品試作為名，也有些是陸海空宇宙四軍敵對意識及地盤之爭的產物，真的讓人眼花撩亂。戰時沒人有心力去管，可是在戰後必須擠出龐大復興預算的狀況下，當然不能允許這種浪費。特別是在大幅刪減軍事支出的方針下，要持續耗費巨資的MS開發計畫本身就是一件難事，於是許多開發計畫被迫中止。例如這個時期以開發次世代MS為目標的RX-81計畫就被作廢，除了幾架已完成的試作機投入實戰外，其餘就真的是束之高閣了。

在強烈的軍縮風潮中，有一個人早早就放棄了官立工廠自主開發MS的構想。這個人就是技術背景的宇宙軍中將約翰・高文。他對於戰時MS開發和確立MS的運用戰術貢獻良多，在雷比爾將軍過世後 —— 雖說不上是多數派 —— 也在軍方形成一股不容忽視的勢力。

當時離雷比爾繼任者寶座最近的他，明確表達應持續開發MS的立場。在公國軍餘黨仍潛伏在地球內外，戰爭的火種仍躍躍欲起的情勢下，高文應持續開發MS的主張，雖然獲得一些志同道合的人支持，但也引起舊保守派系的反彈，並未成為軍方的共識。因此在壓縮軍事支出的壓力下，高文轉念認為只有委外才能持續開發必要兵器，進而要求許可AE公司開發新MS。

另一方面，考慮到荷包而主張軍縮的聯邦政府，也希望經過一連串合併後急速壯大的AE公司，能維持經營穩定，因為AE公司接收了包含技術人員到駕駛員在內所有種類的退役軍人。對於因軍縮被迫離開軍隊的人才來說，AE公司是最主要的去處，如果這家公司經營狀況惡化，就會造成大量退役軍人失業，進而引發負面效應，如影響治安、政權支持率下滑等。在這種情況下，可以說聯邦政府也不得不把工作交給AE公司。另外聯邦政府或許也打著另一種算盤，也就是讓AE公司成為政府外圍企業，獲得優惠待遇的同時，確保官員們將來退休後的去處。不過正因為這一連串背景，AE公司維持著偏宇宙移民的思想，並未過度向聯邦靠攏勾結（軍方也並未形成完全將MS開發委交AE集團的體制）。

就這樣軍方和政府達成共識，在「聯邦軍重建計畫」拍板定案一週後的10月20日，AE公司的新MS開發計畫就取得許可。這也就是後來的「鋼彈開發計畫」，一連串的開發計畫也由此誕生。

事實上當然不是等到10月20日許可下來後才啟動計畫。在許可下來的至少半年前，軍方和AE公司就已經密切聯繫，推動AE公司開發MS的事前準備。該公司內部於U.C.0081年4月對旗下企業之一，亦即AE機動機器公司（AE Maneuverabillity Instruments）進行組織改造，決定讓這家公司主導MS開發。在各集團企業的配合下，也逐步建構出相關體制。該公司之所以能在「GP計畫」取得許可後馬上成立「MS開發局」，就是因為事前已經做好萬全的準備。全新的MS開發局有兩大棟梁，分別是AE公司土生土長的先進開發事業部，以及由來自公國系統兵器廠的員工主導的第二研究事業部。可謂是萬事具備，只待鳴槍起跑了。

■鎮壓非洲舊公國軍餘黨據點金巴萊特基地
（Kimbareid Base）後的GP01，在解除敵方
武裝期間負責巡邏警戒。此時配備的是吉姆
機槍，可見得是把GP01當成對付人的裝備。

RX-78GP01-Fb

鋼彈試作1號機〈傑菲蘭沙斯 全方位推進型〉

RX-78的後繼機

關係人士作證表示，初期GP計畫的執行程序，是由AE公司向軍部提出自行擬定的計畫方案，經裁定後取得許可才展開試作工程。

在此初期階段，據説因為早已內定要製造在一年戰爭中戰績輝煌的名機RX-78「鋼彈」後繼機，這個「通用機案」很自然地被命名為「鋼彈開發計畫」。而且雖是新開發機種，但相關試作機群的型號卻破例承襲「RX-78」的型號，末尾再加上代表計畫名稱的「GP」。

再者，AE公司也提出複數不同的試作機採用共通骨架的設計案，並獲得認可。這除了是GP計畫的成本減降對策外，也成為未來可能的MS進化之因應措施。AE公司在著手開發計畫前，就先將過去問世的MS按功能分類，並檢討今後可能的功能分化和發展方向性，預測未來的趨勢將是功能較戰時更為細分的局地戰用機和特殊任務機等多樣化的衍生機種。而AE公司提出的解決對策就是透過機體構成模組和選配兵裝的換裝，讓MS專注在某種功能上，如此即可有效率地封裝出可因應各種局面的MS。其中GP01正是以單一機體來實現此概念，並導引出「通用多用途」的概念。

對AE公司這家企業來説，無論如何都想獲得這種期間短、成本低，又可多樣化發展的共通骨架技術，以便降低耗費鉅資的兵器開發風險。於是此構想獲得採用，先進開發事業部和第二研究事業部互相合作開發共通骨架部分，同時也著手擬定要提交軍部的獨家設計案。結果共有五機種的GP計畫機，全部全面或部分採用了共通骨架。

特別要補充説明的是，此共通骨架是以「骨架和裝甲分離」為目標，也成為之後可動骨架技術的始祖。因此「裝甲換裝」相對容易，而且據説也因此得以彈性因應計畫期間數度的設計變更。只是必須注意的是，此時並未達到後來RX-178「鋼彈Mk-Ⅱ」內含驅動系統的高度可動骨架的水準，因此並不是「只要連接骨架即可動」的製品。此外換裝的模組也有內含臂部和腳部等共通骨架，或部分擴充骨架的設計。再者，結構上也有半單體骨架結構（Semi-monocoque），有些換裝的模組還使部分機體保有類似傳統概念的外骨格式結構。

在這個階段，模組化概念雖然發揮功能，但並未達到完全分化的程度。當然在注重換裝的情況下，這樣可説更有效率。因為即使骨架完全為人形，長期使用下視壓力測試的結果，也可能必須更新部分骨架，現今MS偶爾也會這麼做。從模組本身以及從維持機體整體強度的觀點來看，保留可視需要採取最佳結構的空間，從某個角度來看也就是具備了超越可動骨架的設計彈性。當然可動骨架的普及，是因為對MS來説有結構以上的優點存在，至少在U.C.0080年代初期，GP計畫提出的設計概念，可説非常具有劃時代性。

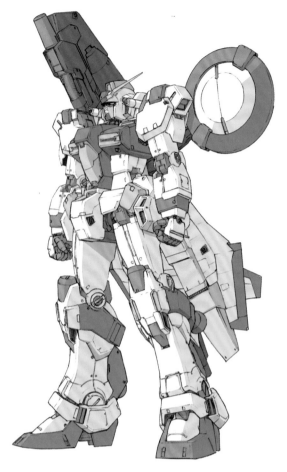

■RX-78GP00鋼彈試作0號機〈堡蘿森〉

■RX-78GP01鋼彈試作1號機〈傑菲蘭沙斯〉

GP系列的開發

　　基於可利用RX-78系列機體開發,並從之後實戰運用的資料來看,AE公司的MS開發實質上便等同是RX-78鋼彈的持續發展型態。聯邦政府一開始就決定要賦予此開發計畫產物「RX-78」的型號,就這點而言確實是名符其實的鋼彈再次到來。

　　AE公司在公司組織架構中,將開發鋼彈專用的實驗室和機械設備,置於亞納海姆娛樂公司的管理下,表面上的目標是開發包含重現地球環境的植物園,以及過去所有者留下來的水族園在內的自然體驗型公園,並加以整理成為實驗性研究所需的設施。因為是在暫名為「亞納海姆花園」的設施內持續開發的MS,所以開發機體的代號自然都和植物有關。

　　軍方的要求規格比照最初RX-78開發初期,重點要求必須具備以下四種類型。①對MS的近距離作戰、肉搏戰用的特殊機種,②以對MS戰的中長程支援機種為

基礎,再加上③可投入艦隊戰的偵察、突擊用特殊機種,以及④艦隊戰的艦用重武裝機種。除了上述規格外,機體的基本結構要在最大程度上可以共通,也必須將量產時的生產力納入考量,同時亦身兼概念機體,展示未來發展新變型時的高變通性。

　　當初雖只限定用於宇宙或太空殖民地內這種低重量空間,但也有附帶條件,希望改變驅動控制程式即可輕鬆變更為地上用機體。此外,驅動機構以RX-78-3配備的「電磁塗層」規格為標準,必須保證至少有符合相關規格的軀體強度及控制程式。

　　AE公司的「鋼彈開發計畫」專案團隊被整合到從事私人機體開發的先進技術開發事業部,也就是俗稱的「工作俱樂部」(Club Works),內有由格拉那達分公司調派而來的人員,以及曾在舊吉翁相關廠商工作的多數

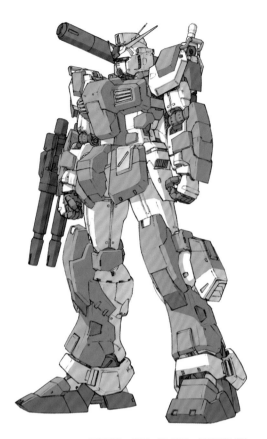

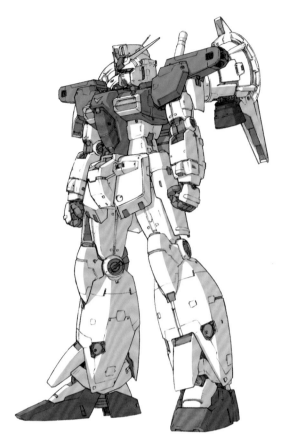

■RX-78GP01-Fa鋼彈試作1號機〈全裝甲・傑菲蘭沙斯〉　　　　■RX-78GP01-Fb鋼彈試作1號機〈傑菲蘭沙斯Fb〉（全方位推進型）

技術人才，聯邦軍也派遣數位第9課所屬技術將校及研究員前來，作為聯絡人兼顧問（當然軍方也派遣保安人員來負責監視），開始制定正式設計案。

　　成為大家庭的「工作俱樂部」（別名「園丁實驗室」）又分成儘早開發試作基本共通軀體班、依據要求規格進行變型設計班、核心系統負責班、外裝式擴充系統負責班、運用兵裝武器開發負責班等10班，另外加上以哈比克公司技術人員為主的第11班（「授粉小組」（Team Pollinator）。隨即被併入核心系統負責班，成為10班體制）。之後因為試作2號機、4號機的開發小組成員多為吉翁相關技術人員，有人認為這樣的開發班配置是有意為之，但這只是結果論。事實上，「園丁實驗室」所屬人員中舊吉翁相關技術人員的構成比例，並未獲得特別關注，不過是在最大程度活用各研究及技術人員專業的前提下，以效率為優先的分配結果。

　　園丁實驗室第1班俗稱「開花小組」（Team Blossom，各開發班都有植物學術語的稱呼），急著透過電腦進行共通軀體設計。設計資料是以RX-78的共通軀體零組件為基礎，為了進一步模組化，據說也參考了RGM-79系列機體所導入的結構設計。雖然說概念機不需要過度重視生產力，但因為此項開發計畫和RX-78開發當時一樣，多種機體同時進行，因此為極力避免沒有意義的試誤及極端的統一規格導向，並建立可經由傳統的MS產線製造、腳踏實地的零件採購體制。至於驅動系統則採用支援「電磁塗層」的規格，得以徹底重新檢討軀體各部位的結構強度與重量分配等弱點。另一方面，驅動控制程式的重建是由「麗莎小組」（Team Lisa）負責，並且在花園內的「植物標本溫室」（Conservatory）開始試作機體零件的組裝與耐用測試。

　　這一系列新生的RX-78，在型號編制上是在末尾加上▶

■RX-78GP02A鋼彈試作2號機〈賽薩里斯〉

■RX-78GP03S鋼彈試作3號機〈史迪蒙〉

▶GP代號，以及01至04的流水編號加以區別。不過名義上，開花小組製作的是實物大可動實證模型，因此初期又被稱為「實體模型」，之後改以「GP00」為臨時型號，便被暱稱為「雙零」，或是直接使用研究班名稱如「開花」等。

為了確定機體規格符合要求，各實驗室以暫名為「GP軀體」（GP Stem）的基本軀體性能為基準，開始各變型設計。但在第二次全體簡報中，重新檢討要求規格的四種變型模型的必要性成為議題。在這個階段，軍方也布達修訂事項，要求軍方要求規格中的近距離作戰機體，要以在大氣圈內運用為目標。

開花小組最後定案的基本軀體，主要是採用RX-78的2號機與3號機的設計資料為基礎，再加以改良，因此得以完成通用性超出原先的「鋼彈」本身、甚至設計當初所要求的機體，最後造就的成品便是基本模型的

機體（GP01）。只要儘可能地擴充包含近距離戰鬥在內的通用機性能，就可以充分因應軍方的修訂要求。而在軍方的修訂要求中，並未特別提及在宇宙運用的前提，但設計資料其實也充分考量到重力圈的運用結果，因此在宇宙環境下也有很好的運用實績，團隊因而判斷沒必要製造特殊機種。只是，團隊為了穩定並強化宇宙用機的性能，故而決定同時開發外裝於基本軀體的宇宙專用裝甲（據說AE公司原本打算當成另一種機體，並以GP05或GP00＋取得型式認可）。

然而問題就在於，就現階段可採用的軀體結構和材料來看，可使用動力的輸出值必定會超出規格。各可動部位都已開始實戰展開耐用測試，但已完成「電磁塗層」的最新型驅動馬達會對結構強度帶來過大的負荷，而且機體的控制與制動也會變得更加微妙，因而有必要再次大幅度修改控制程式。

■RX-78GP04鋼彈試作4號機〈卡貝拉〉

　基本模型GP01是以成為高性能「通用機」為目標，中長程支援機和對艦隊機兩種則明確定位為通用機的擴充模型，開發作業的方向因此更形明確。

　最終方案則以共通骨架可動軀體（GP00）、基本規格（GP01）、重裝甲規格（GP02）、外裝式重武裝規格（GP03）、高機動續航距離延長規格（GP04）申請認可。這個階段決定將宇宙專用機（原預定為GP05）整合在GP01內，作為選配裝備，由AE公司獨自開發。

　與GP00同時，也完成了全機共通的核心區塊系統。不過機體核心的核心戰鬥機也視用途需要，備有多種選擇，而且也留下變通的可能，以便在單艦行動時能當成單獨戰鬥航空航宙機有效率地作戰，就像在艦隊運用，特別是和RX-78運用在白色基地級戰艦時一樣。

　就這樣，GP系列終於進入各形式的設計階段。

GP01
Technical
Verification
At Earth

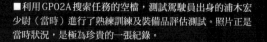

■利用GP02A搜索任務的空檔，測試駕駛員出身的浦木宏
少尉（當時）進行了熟練訓練及裝備品評估測試。照片正是
當時狀況，是極為珍貴的一張紀錄。

■GP01在重力環境的測試運用階段，裝甲規格尚未完全定案，內部機器和外裝也有許多試作品。出於意
外而提前參與實戰，部分更換品不足，部分外裝只好東拼西湊以確保間隙，還設了許多縫隙以因應砂漠氣
候或是熱交換效率估算錯誤的緊急措施，所以每次出擊時外裝都有些微差異。

■GP01總推進力為108,000kg。這是當時最新機型RGM-79N「吉姆特裝型」的1.5倍左右，是非常高水準的數值。對看慣各式各樣實驗機、測試機的測試駕駛員來說，活用如此龐大推進力的機動性，也令他們瞠目結舌。

■剛從「亞爾比翁」的彈射器射出的GP01。這是由前方的僚機拍攝的照片。紀錄顯示拍攝日期為
U.C.0083年10月14日。在前往非洲大陸追擊餘黨前,「亞爾比翁」正在進行艦載機的射出訓練,
也是該艦配備之新型開放式彈射器在大氣圈內的運用試驗。

■攜帶多種兵裝進行重力環境測試的GP01。水到渠成地將本機投入實戰的結果，便是趁追擊任務的空檔進行各種試射。兵裝在裝備到本機前當然進行過試射，但運用母艦「亞爾比翁」的機械工程師們，認為有必要在非洲大陸的高溫環境下驗證，因此針對帶來的武器裝備全部檢查一遍。

■手持Bauva公司製造的新型光束步槍XBR-M-82的GP01。在一般的機動戰鬥中，GP01是單手持光束步槍射擊。但在長程狙擊時等需要精密瞄準的狀況下，就建議展開側向握把，雙手持槍射擊。

■在特林頓基地的珍貴留影。這應該是前往非洲大陸前夕，正等待被搬入至「亞爾比翁」的GP01，由地面隊員拍攝。當時是光束步槍加上護盾的標準兵裝。

RX-78GP SERIES

GP系列各機解說

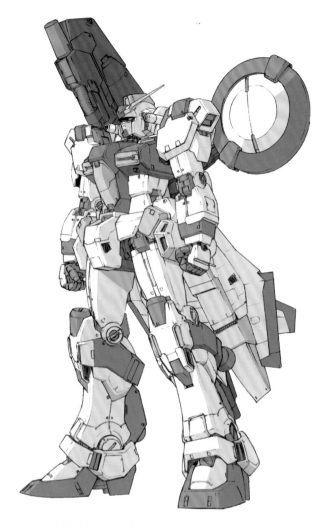

RX-78GP00
鋼彈試作0號機〈堡蘿森〉

　為實現「通用多用途」的概念，先進開發事業部（工作俱樂部）想到的解答，就是復活RX-78「鋼彈」的核心區塊系統。例如戰後官方設立的工廠所推動的RX-81計畫等，都朝向排除核心區塊的方向發展，由此可知復活核心區塊系統堪稱是違背時代潮流而行的判斷。然而這個判斷絕不只是單純地走回頭路。RX-78將作為脫逃機構的核心戰鬥機，被視為功能分化的一環，展現出只要換裝不同型式的核心戰鬥機，MS就得以具備特殊功能的方向性。

　根據這項方針，最早設計出來的機體型號，就是RX-78GP00，也就是俗稱的「鋼彈試作0號機」。代號「堡蘿森」（Bloosom）的機體，也是採共通骨架的試作機，似乎是AE公司在尚未取得聯邦軍部裁定之前，就獨自建造的機體。「0號機」這種不自然的稱呼，大概也是因為其後開發的「1號機」獲得軍方承認後才得到事後追加，進而編入GP計畫的緣故吧。無論如何，身

為GP計畫最早的機體，GP00的機構正是採用核心區塊系統的設計。

　AE公司於U.C.0082年6月併吞了老牌航空機廠商哈比克公司，將其加入自家公司的航空機部門，命名為「AE哈比克公司」。這家公司裡當然有許多在V作戰中參與開發FF-X7「核心戰鬥機」的員工，正因為派出他們進駐先進開發事業部，才能在短期間內建構出高水準的核心區塊系統。

　他們開發的機體因為是RX-78採用的FF-X7的後繼機，因此被命名為FF-XII「核心戰鬥機II」。

　此機體和原型機最大的差異，就在於核心戰鬥機配備幾乎可說是多餘的大型推進器，加入MS主推進系統（也就是所謂的武裝背包）的功能。再加上還改成由MS背部進入的設計，改良接合處結構，解決了RX-78腹部脆弱的問題。

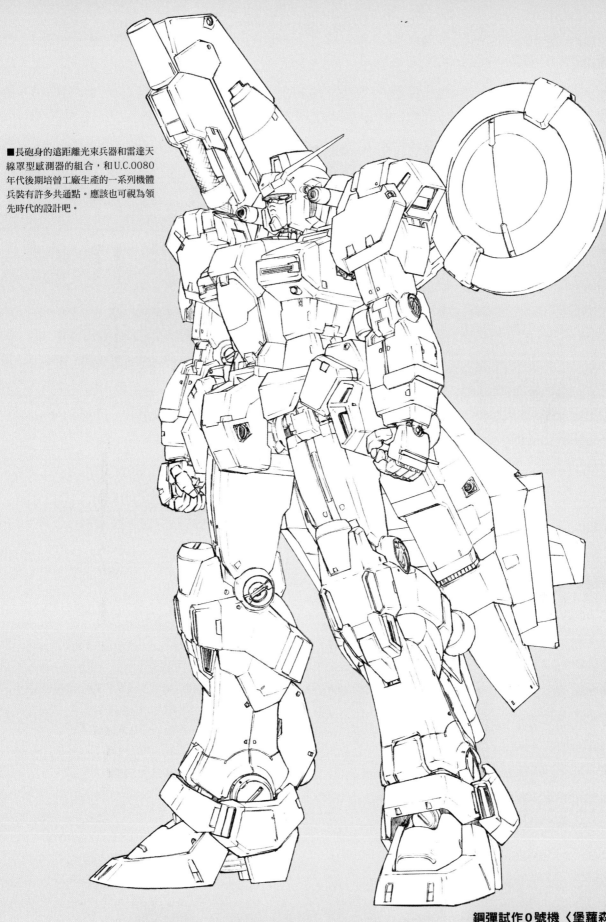

■長砲身的遠距離光束兵器和雷達天線罩型感測器的組合，和U.C.0080年代後期培曾工廠生產的一系列機體兵裝有許多共通點。應該也可視為領先時代的設計吧。

鋼彈試作0號機〈堡蘿森〉

RX-78GP00 BLOSSOM

此外，FF-XII「核心戰鬥機II」作為「通用多用途化」的一環，自然規劃多種方案，也製造出幾種變型機。其中之一就是被稱為FF-XII-Bst「核心推進機II」（Cord BoosterII）的機種。此機種增加大型推進器，並裝上可夾住選配兵裝接栓的「推進機」，一完成就同時成為GP00的配備，進入稼動實驗。

接栓還可裝上同時期開發的長射程大型光束步槍，以及雷達天線罩型的新型感測器MPIWS（Minovsky-Particles Interference-Wave Seacher，米洛夫斯基粒子干擾波偵測裝置），以長距離砲戰的規格問世，已經積極實現多用途性。

然而，此時的核心區塊系統完成度並不能說是完美。特別是在核心推進機II的狀態下運用時，甚至還打算在接栓上安裝選配兵器。為實現這種貪心的規格，許多機構只能勉強達到設計標準，結果導致機體就連在MS型態時的剛性和重量均衡都出現問題，操作性變差。以測試駕駛員、同時也是資深MS駕駛員傑克・貝亞德宇宙軍中尉的話來說，根本就是「便宜沒好貨」的代表。

最致命的一擊，莫過於因應聯邦正規軍要求而參加的巡邏任務，卻在途中與公國軍餘黨陷入交戰，結果實機嚴重毀損，開發因此受到重挫。當初似乎是經營團隊為了和軍部維持良好關係，草草調整後隨即出擊。從紀錄上來看，首戰前一天本機才剛剛連接好頭部套組，可以想見駕駛員也尚未能適應本機的操作。儘管GP00成功和僚機共同驅逐敵方勢力，卻也成為被丟棄在月面的巡洋艦殘骸的墊背，再也無法修復。正因為這起不幸的事件，促使開發計畫不得不進行大規模修正，就連時程都必須重新擬定。

RX-78GP01
鋼彈試作1號機〈傑菲蘭沙斯〉

意外失去RX-78GP00的先進開發事業部，除了分析該機所留下的珍貴戰鬥紀錄之外，也立刻更動計畫，將大部分的開發資源投入建造下一架試作機，也就是機型編號為RX-78GP01的「鋼彈試作1號機」，並且命名為「傑菲蘭沙斯」。

這架機體的骨架，採用在GP00身上已證明其實用性的共通骨架。除此之外，大部分的基礎設計自然也都承襲GP00，因而後來打造出的新機體乍看之下與GP00外觀十分相似。

不過，針對「通用多用途」這個概念的實現方式，兩者卻大為不同。如果說透過配備「長距離砲戰」用選配兵裝，藉以因應特殊戰的GP00是重視「多用途」性的機體，那麼GP01就可以說是以因應大氣圈內和宇宙空間兩種差異極大的環境為主，重視「通用」性的機體。不過有一點要請各位特別留意，這裡所強調的通用性，並不是指MS單機的一般狀態即可達成，因為這個時期一般狀態的MS尚無法同時對應兩種環境。原本兵器就是針對單一用途較能容易展現性能優勢，而GP01同樣也是透過「換裝」機體的構成要素，打造出判若兩機的機體。所以各位務必理解在這個時期所謂的「通用性」的意義。對於執勤任務原則上沒有異動需要的基地或守備隊來說，其實並不需要這種通用性能。因此我們可以假定GP01原本就設定為強襲登陸艦或特殊任務艦等運載的機體，因為前者可能在宇宙空間或是重力下（地上或太空殖民地內）的兩種環境作戰。

GP01的設計，是經由區分使用環境，分為在大氣圈內用的FF-XII「核心戰鬥機II」，以及在宇宙空間用的FF-XII-Fb「核心戰鬥機II-Fb」，來達成在不同環境下的最佳運用。除此之外，針對RX-78在開發過程所提出的「MS擬人化」提案，在實際推展設計作業時，開發團隊也認為應該達成更高層次的實現。因此在MS開發生產產業急速成熟的當時，組件層級的完成度提高，也為軀體內致動器的排列自由度，以及接合部和驅動部的結構極限，在在帶來突破性的進展。

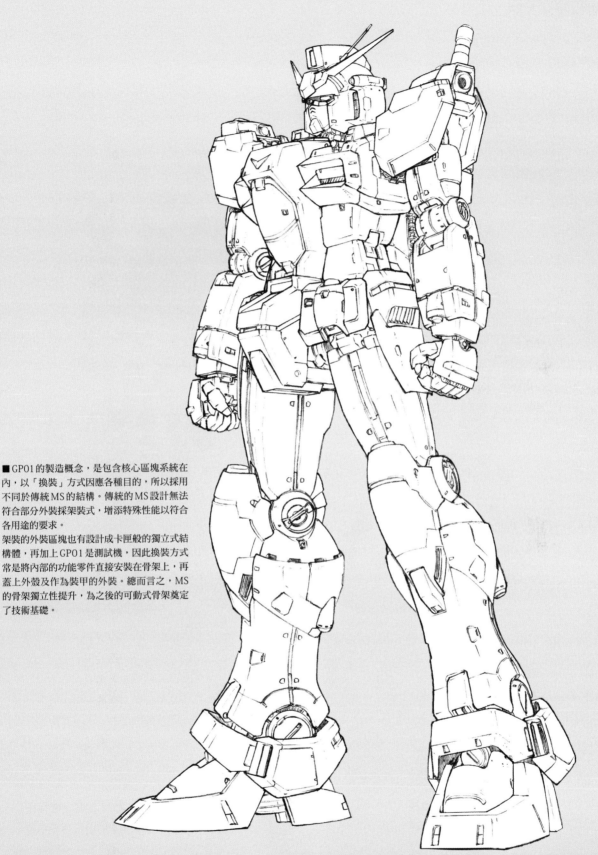

■GP01的製造概念，是包含核心區塊系統在內，以「換裝」方式因應各種目的，所以採用不同於傳統MS的結構。傳統的MS設計無法符合部分外裝採架裝式，增添特殊性能以符合各用途的要求。

架裝的外裝區塊也有設計成卡匣般的獨立式結構體，再加上GP01是測試機，因此換裝方式常是將內部的功能零件直接安裝在骨架上，再蓋上外殼及作為裝甲的外裝。總而言之，MS的骨架獨立性提升，為之後的可動式骨架奠定了技術基礎。

鋼彈試作1號機〈傑菲蘭沙斯〉

RX-78GP01 ZEPHYRANTHES

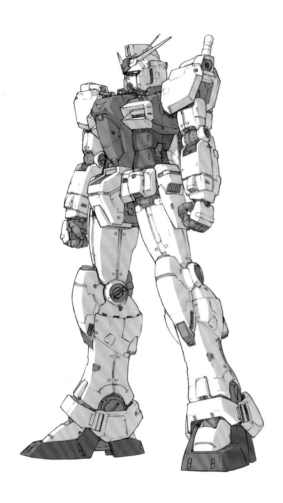

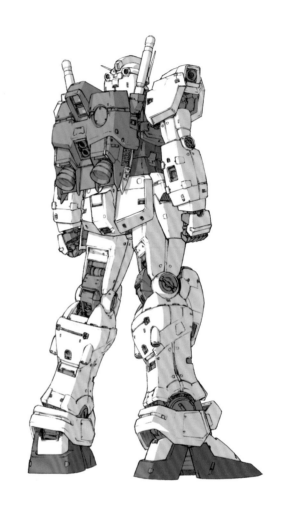

核心區塊相對占比極高，幾乎沒有剩餘空間的A零件（上半身），則是將肩部的驅動結構移到上臂，藉此實現高可動範圍，也可說是其中一例。

結果本機在當時的機體中，可說是破例地成功獲得接近人體的可動範圍。視察本機運動模擬狀況的某幹部員工甚至稱讚：「這傢伙的身體柔軟度媲美運動員啊！」可見得本機展現出劃時代的運動性。從這一點來看，本機對之後的RX-178「鋼彈Mk-Ⅱ」這種全可動骨架機的影響，不可謂不小。

U.C.0083年9月8日，GP01在月面都市馮·布朗製造完成。由於之後仍花一番工夫進行各項調整作業，所以在AE公司內部紀錄裡，GP01的問世日期是9月29日。不過即使是調整後的狀態，此時的GP01也只不過勉強完成了陸戰用標準規格，也就是原定的數種形態之一而已。包含空間戰規格在內，其他換裝零件仍然沒有做好準備。

除了失去GP00外，U.C.0083年9月9日實驗機又在北美奧克利基地發生意外，導致原定的GP01測試駕駛員，亦即AE公司的尼爾·格雷斯曼（前聯邦宇宙軍上尉）喪生，開發計畫的一連串不幸應該也影響到開發時程。意外當時格雷斯曼正駕駛著實驗機，機上搭載GP01預定搭載的新型發電機，結果不但喪失寶貴的人命，對開發團隊來說，還等於是喪失了原本應取得的資料，損失可謂慘重。

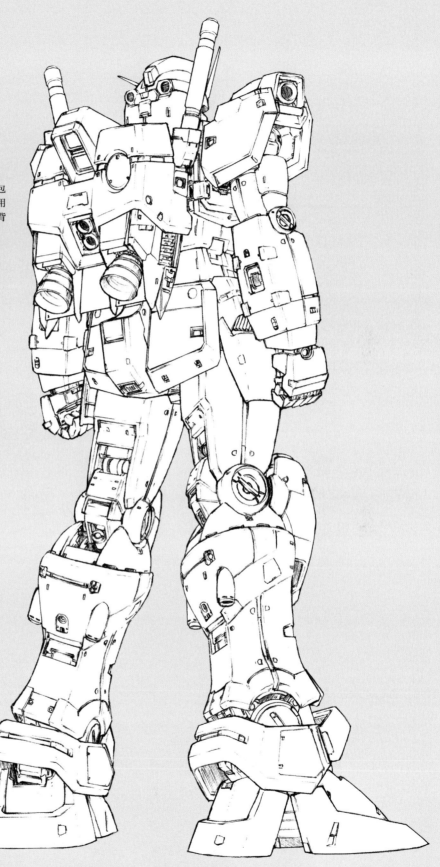

■RX-78採用將FF-X7「核心戰鬥機」完全包覆在機體內部的垂直合體方式，本機則採用水平合體方式。因此FF-XII-Bst的推進器從背面露出，可兼作RX-78GP01的主推進器。

即使是在延了又延這種不順利的狀況下，至少也要用已完成的陸戰標準規格進行地上評估測試。基於開發團隊這項心願，本機才被送到地球。次月7日移交聯邦宇宙軍所屬的強襲登陸艦「亞爾比翁」的本機，在賈布羅基地進行最後調整後，隨即移送到澳洲特林頓基地。

不過送到評估測試的地點後，本機又遇上麻煩了。也就是出乎意料地遇上迪拉茲派公國軍餘黨的襲擊，於是在意想不到的情況下被迫進入實戰。

之後本機被賦予追擊被餘黨搶走的GP02A的任務，改以「亞爾比翁」艦載機部隊的成員身分，轉戰非洲大陸。同月31日追上目標後進入宇宙，但受到西瑪·卡拉豪前突擊機動軍中校領軍的MS部隊強襲，在未換裝成空間戰規格的狀態下強行出戰，結果機體嚴重毀損。

當時GP01還內建地上規格的運動控制程式，就連要在宇宙空間維持自身機位穩定的最基本功能AMBAC都未能正常運作。對原準備到月面AE公司工廠換裝成正規宇宙規格的GP01來說，這場戰鬥真的是出乎意料。當時如果正確安裝空間戰鬥用程式，至少還可應付對空砲擊掩護船艦。然而不知什麼原因，在未正確安裝程式的情況下，GP01就強行出戰了。結果在連機體都無法隨意控制的狀況下進入戰鬥，機體嚴重毀損，就好像被凌遲處死一樣。

不過機體雖嚴重毀損，重要區域卻未損壞，主機也未爆炸。雖然被光束步槍打中十多槍，但到最後包含駕駛艙在內的核心區塊部分卻倖免於難。這也可以說是逆時代而行大膽採用核心區塊系統的本機「核心戰鬥機II」，隨著機體外裝進化，發揮原本深受期待的保命特性，展示出作為脫逃系統的有用性。

RX-78GP01-Fb
鋼彈試作1號機
〈傑菲蘭沙斯Fb·全方位推進型〉

如同前段所述，GP01因為重視通用性，最終透過包含核心區塊在內的零件重組設計，成為足以因應不同的環境的機體。本體完成後不久，空間戰高機動規格的各種相關零件也隨即完工，但卻因為尚未完成最後調整，在10月7日當時並未移交給「亞爾比翁」，而留在馮·布朗工廠。

GP01在完成地上評估測試後再次回到宇宙，原先預定搬運到月面換裝各種零件，接著在月面和宇宙空間再次進行評估測試。然而特林頓基地發生的GP02A搶奪事件，卻打亂了原定的測試計畫；再加上10月31日爆發的戰鬥造成實機嚴重毀損，導致後續測試時程只能完全停擺。結果，GP01就以這般慘不忍睹的樣貌回到出生地馮·布朗工廠，回歸親生父母先進開發事業部員工的手中。

透過母艦「亞爾比翁」的雷達通訊，先進開發事業部員工得知GP01嚴重毀損的消息，一確認實機的毀損狀態後便隨即展開作業。此時GP01機體的部分共通骨架已嚴重毀損，無法修復，很難單純透過模組更換來恢復功能。因此團隊討論後緊急變更計畫，打造包含試作階段的模組在內，原不在計畫中的GP01宇宙戰規格。其中也包括提早投入原先規劃在正式問世後才會推出的功能擴充零件。

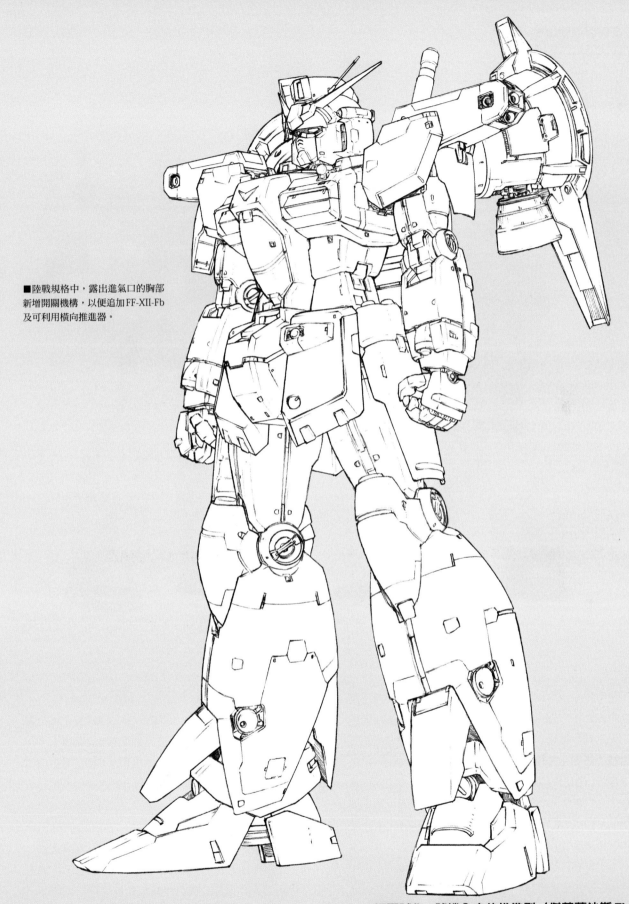

■陸戰規格中，露出進氣口的胸部新增開關機構，以便追加FF-XII-Fb及可利用橫向推進器。

鋼彈試作１號機全方位推進型〈傑菲蘭沙斯Fb〉

RX-78GP01-Fb FULL BURNERN

雖說原本GP01的設計概念中，就包含了利用模組組合維持封裝彈性的想法，不過應該還是需要花費相當的時間與精力模擬和實際調整全體平衡。不過團隊卻在二天後就把GP01-Fb送去進行裝置測試。負責控制GP01機體的OS安裝在能力超過RX-78的學習型電腦上，具有充分的彈性，即使依作戰需要連接不同模組，也能實現最佳控制。話雖如此，這種封裝是否能發揮GP01宇宙戰規格應有的性能，這一點卻由人類來判斷。情報指出當時負責GP01的系統工程師是女性，由此可知她所帶領的設計團隊實在是能力高超。雖說這個速度是當時正和迪拉茲艦隊交戰的聯邦軍不斷催促的結果，但也不能忘記如果沒有事業部員工不眠不休地趕工，就無法達成這個令人驚訝的偉業。

本機暫名為「傑菲蘭沙斯Fb」，或單純稱為「全方位推進型」，將搭載二座名為宇宙噴射箱的可動式推進器套組的FF-XII-Fb，以核心區塊的方式組裝在本機上。而腳部的裝甲形狀也和地上規格不同，在外觀上就有很明顯的差異。此外，雖然原本就計畫在肩部增加推進箱，但增加遮掩接合部的可動裝甲設計，卻是伴隨主要骨架更換的模組更換結果。

另外換裝後的各模組有些已接受過事前的評估測試，但有些卻是在組裝後突然就被安裝到GP01上。不過那些模組至少都已經過模組單獨的動作確認以及基準測試，其中也有搭載在RGM-79系列「強化型吉姆」等事前已經過測試的模組。

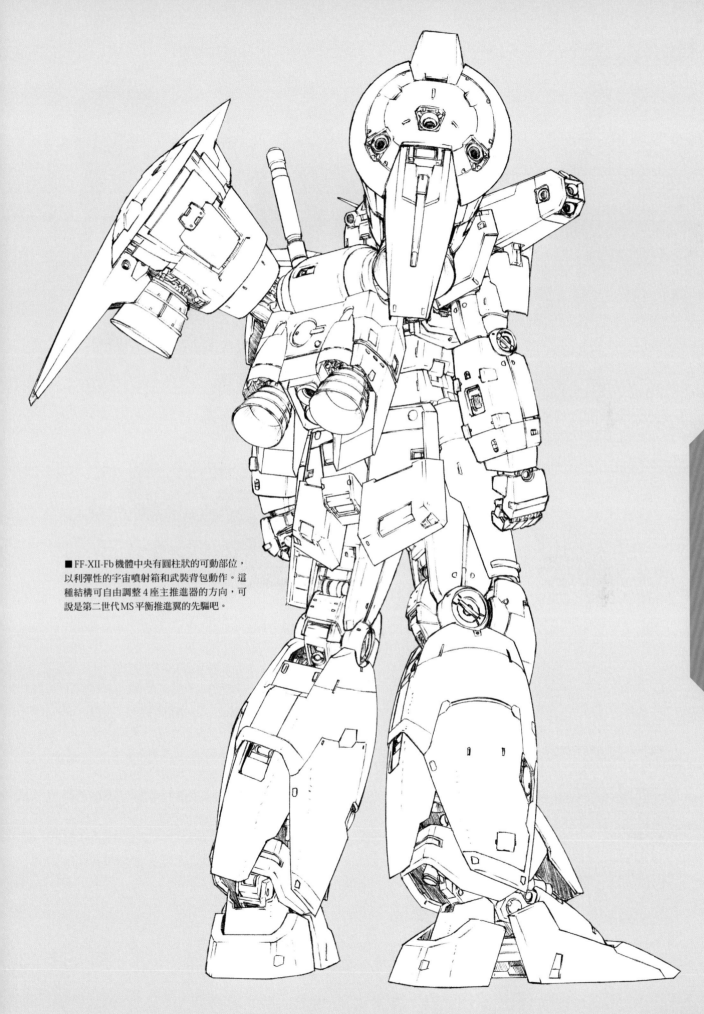

■FF-XII-Fb機體中央有圓柱狀的可動部位,以利彈性的宇宙噴射箱和武裝背包動作。這種結構可自由調整4座主推進器的方向,可說是第二世代MS平衡推進翼的先驅吧。

RX-78GP02

鋼彈試作２號機〈賽薩里斯〉

發起GP計畫時，先進開發事業部以RX-78「鋼彈」的正統進化系列為目標，立志打造可作為次世代機雛型的MS。另一方面，以原吉翁尼克公司技術人員為主的第二研究事業部，則提出有重裝甲、高火力，可深入敵營進攻，給攻擊目標致命一擊的「強襲用重MS」計畫。

這項提案其實可説是了無新意，不過是承襲了吉翁公國軍作為主力機的茲瑪德公司（Zimmad）製重MS，也就是MS-09「德姆」（Dom）系列的概念罷了。不過當時的聯邦軍並沒有類似機種，而且對MS-09系列也頗有好評，所以軍部也許可了這項計畫，隨後立刻開始製造試作機。

被視為第二架GP計畫機而以「GP02」為開發代號的本機體，同樣也採用與GP00和GP01相同的共通骨架設計。不過GP02的重點在於重裝甲，並未加入會限制裝甲厚度的核心區塊系統，設計重心集中在抗槍彈和剛性。結果機體外觀看起來和GP01全然不像兄弟機，線條也充滿厚重感。

再者，為確保機動性，不辜負「強襲用」的名稱，還導入靈敏可動式推進翼（Flexible Thruster Binder）這種新式的推進裝置，也讓本機體給人獨特的印象。

不僅如此，肩部的平衡推進翼套組共搭載３台大型火箭馬達（Rocket Motor）。從理論計算來看，只要一台火箭馬達就能產生讓一架標準型MS充分機動活動的推進力，結果本機單肩就搭載３台，雙肩共６台，因此本機外觀看來雖厚重，卻具有令人驚異的加速性能。

此外，將推進力系統裝載在肩部，背部即可搭載武器系統，這也是不容錯過的特色。對於GP02，開發團隊曾考慮過數個兵裝案，而且都是在背部接栓上搭載獨家武裝的計畫。這種設計也可説是和先進開發事業部推動的GP計畫機大異其趣的特徵。

初期階段的GP02採用多曲面的「公國軍風」裝甲形狀。特別是腳部的印象不同，這是因為打算在宇宙空間運用時內建大容量推進燃料箱，在地球上運用時能內建盤旋推進器。

■採用防爆對策的球形駕駛艙，以及保護駕駛艙的
多重結構艙口，導致腹部大幅突出。據說為了因應
最壞情況，球形駕駛艙本身還設計成脫逃分離艙，
可說是之後變成標準配備的脫逃系統的先驅。

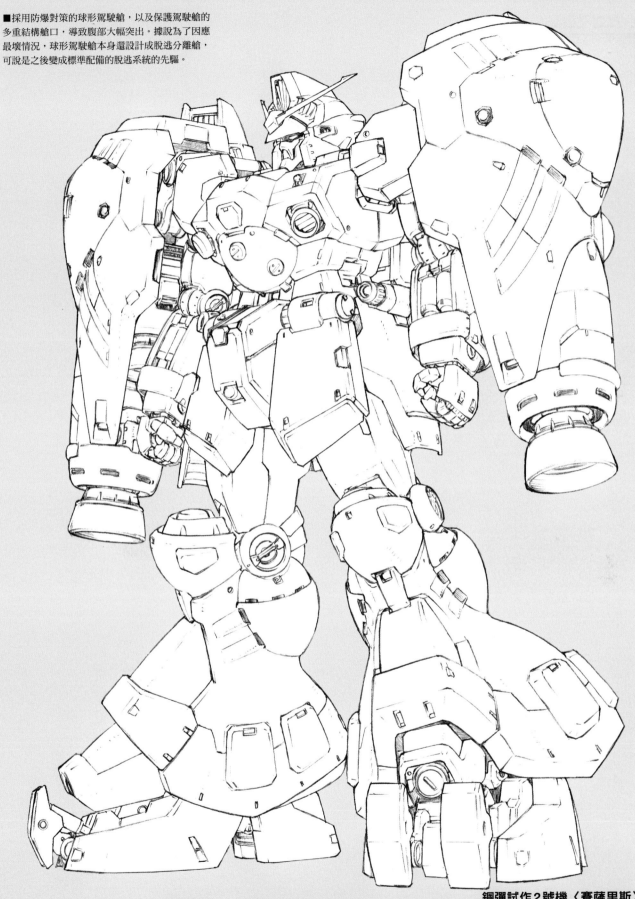

鋼彈試作２號機〈賽薩里斯〉

RX-78GP02 PHYSALIS

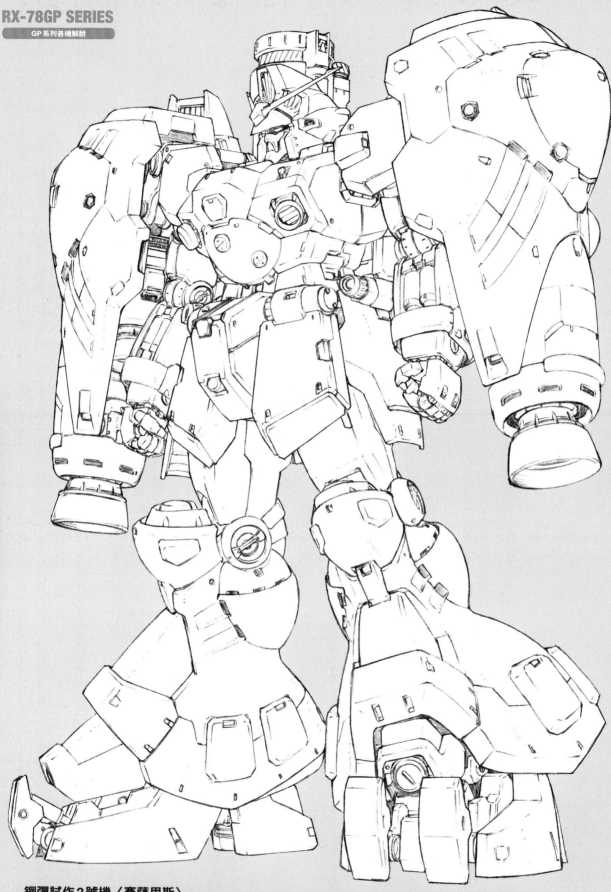

鋼彈試作2號機〈賽薩里斯〉

RX-78GP02A PHYSALIS

※MLRS
GP02用兵裝的構想之一。這是作為中程支援轟炸機使用時的裝備，計畫在背部接栓增設6台火箭彈發射器。據說迪拉茲艦隊考慮併用光束火箭砲，作為發射核彈火箭砲的核彈頭後之本機武裝。這項武裝是挪用公國軍在大戰末期開發的宇宙用移動砲台「Skiure」的主砲。

RX-78GP02A
鋼彈試作2號機〈賽薩里斯〉

　　開始建造實機後沒多久，GP02開發計畫就加入大幅度的修正。軍部把GP01當成是次世代機開端的技術測試機，但卻似乎期待GP02成為即時戰力。因而催促負責開發的第二研究事業部提出更積極的火力增強對策。可推測背後原因應是出於掃蕩滲透地球圈的舊吉翁公國軍殘黨的作戰計畫吧。

　　對於軍部的要求，開發團隊提出了各式各樣的武裝計畫，如大火力的光束火箭砲裝備案、光束擾亂幕散布彈和可射出等離子電磁場（Plasma Leader）的特殊兵裝案、甚至是多管火箭砲系統（MLRS，Multiple launch rocket system※）案等。

　　最終獲得青睞的，是以使用Mk82核彈頭為前提的核彈攻擊機案。之後GP02就以使用核武為前提修改，並

在型號末尾加上「核能的」（Atomic）第一個字母A。

　　說到不仰賴導彈等傳統型誘導兵器的核武運用，最腳踏實地的方案首推南極條約締結前的一年戰爭首戰中，舊吉翁公國軍藉由MS展開的核武攻擊模式。也就是讓MS帶著已裝填好核彈頭的火箭砲，接近攻擊目標後便發動攻擊。這種作戰方法說來簡單，不過若只是要模仿這種戰略，只要對現有的MS用火箭砲進行微調，例如增加抗幅射線裝備等，即使是傳統機種如RGM-79系列應該也做得到。

　　不過向聯邦議會提出的會計資料中雖記載為「戰術核彈」，但Mk82其實具備「戰略級」威力。換言之，開發團隊試圖實現連公國軍都不曾進行過的MS戰略核彈攻擊。

RX-78GP02 PHYSALIS

　　GP02A的用途並非特攻機，不如說是以駕駛員生還為前提，甚至在攻擊後進行監測，以掌握目標的損害狀況（ADA＝攻擊損害評估），並帶回相關資料數據為目的。因此必須同時滿足以下兩個要求：可接近攻擊目標到能進行核彈攻擊的距離的機動性，以及可自戰略核彈攻擊生還的存活性。

　　經過上述過程確定要求規格後，立刻就開始鎖定重點進行修改。首先考量到駕駛員存活能力以及保護內部機器，裝甲上層再加上3層的特殊塗層。這是為了預防核彈爆炸後釋放的電磁波因電磁誘導而生熱，雖然只要一次爆炸就會蒸發，但在宇宙空間和地上可分別在1,000公尺和3,000公里的距離，承受Mk82的爆炸威力。除此之外，為減輕光靠塗層仍無法完全預防的表面溫度上升，還配備經相同處理的護盾，並內建冷卻裝置。在宇宙空間和地上兩種環境中，都可以透過這個冷卻裝置吹出的氣體層得到隔熱效果。

　　至於駕駛艙周圍，則採用一年戰爭末期的球形駕駛艙模組構想，周圍還填充可降低中子速度的減速材質等，藉以強化防爆對策（原本宇宙用MS就已具備宇宙線對策）。再者，為了承受地上核彈爆炸的衝擊波，開發團隊也設計重疊多層複合裝甲和緩衝材的多重結構駕駛艙艙口，以致令腹部有了截然不同的外觀。駕駛艙周圍據說搭載了I-Field產生器，可利用米洛夫斯基粒子的力學特性，試圖使強烈的核電磁脈衝（EMP）和熱線失效。不過因為實機和資料遺失，這項特性依舊未能獲得證實；即便真的存在，當時的I-Field的輸出功率應該也不足以抵抗光束步槍的攻擊。

　　此外，為了承受核彈攻擊時的衝擊，也推動腳部重裝甲化，結果只好排除原本打算內建的推進燃料箱和盤旋推進器。頭部套組也有相同處置，為提升耐熱耐衝擊性能，從頭重新修改設計。所以包含光學機器在內的基本零件類雖然和GP01相同，但形狀卻完全不同。

　　U.C.0083年9月18日，所有改裝作業完成，GP02A正式亮相，據說和初期計畫案的機體判若二人。

　　而後，在艾裘‧迪拉茲中將發動的「星塵作戰」中，GP02A成為迪拉茲艦隊搶奪的目標，這是因為迪拉茲艦隊潛伏在聯邦軍的間諜事先將本機資訊洩露給艦隊。迪拉茲紛爭後，由於聯邦官方刪除鋼彈開發計畫本身的紀錄，相關資訊錯綜複雜、真相不明，但在U.C.0083年GP02A於觀艦式中被搶走時，GP02A使用的核彈頭可能便早已裝設妥當，隨時可待發射了。

　　本機為什麼能搭載南極條約明文禁止的核彈頭，這一點仍舊疑點重重，但也有證詞指出這是當時賈布羅基地正式許可的裝備。推測可能是當時高文中將直屬部下的前宇宙軍參謀（已退役很久），打算在澳洲特林頓基地祕密進行核彈頭的實射測試。澳洲主要都市雪梨在殖民地落下作戰時遭受毀滅性破壞，爆炸中心半徑500公里的範圍成為火山口湖，至少半徑1,000公里周邊空無一人，所以才想利用這塊死亡之地進行實驗。

　　原本就算可以透過散布米洛夫斯基粒子，不為人知地進行核子試爆，但這種規模的核彈頭不可能完全抹去輻射線殘留等痕跡，所以實際上應該是打算在宇宙空間試射，或者是在暗礁宙域對舊公國軍殘黨進行爆破實驗。

　　光是如此就足證是相當瘋狂的計畫了。不過現實中就有迪拉茲艦隊這種迫在眉睫的威脅存在，再加上若有人採用殖民地落下戰術時，也只能用核彈這種強大的武力來對抗，這也可說是極為現實的判斷。本機的早期戰力化對高文中將來說可謂是當務之急，就算冒著被議會或市民發現而被彈核的風險也必須實現。當然也不能否認另一種可能，也就是前面提及的前參謀被迪拉茲艦隊的間諜誘導，而取得搭載核彈許可。

　　總而言之，GP02A是一連串的鋼彈開發計畫所提示的局地戰用MS的其中一種形態，在那個時代，本機的確是聯邦和舊公國軍殘黨夢寐以求的MS。

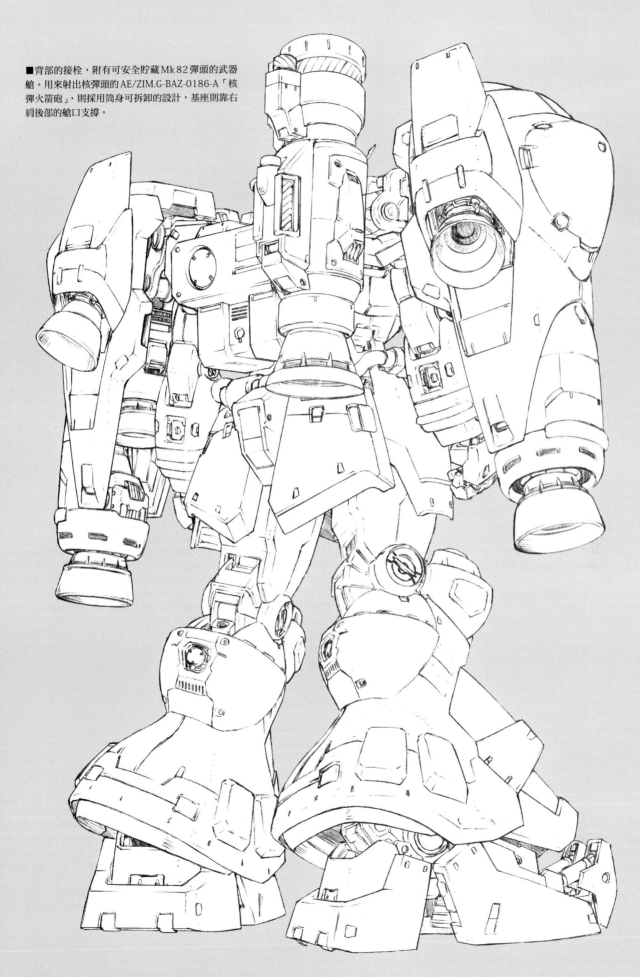

■背部的接栓,附有可安全貯藏Mk82彈頭的武器艙。用來射出核彈頭的AE/ZIM.G-BAZ-0186-A「核彈火箭砲」,則採用筒身可拆卸的設計,基座則靠右肩後部的艙口支撐。

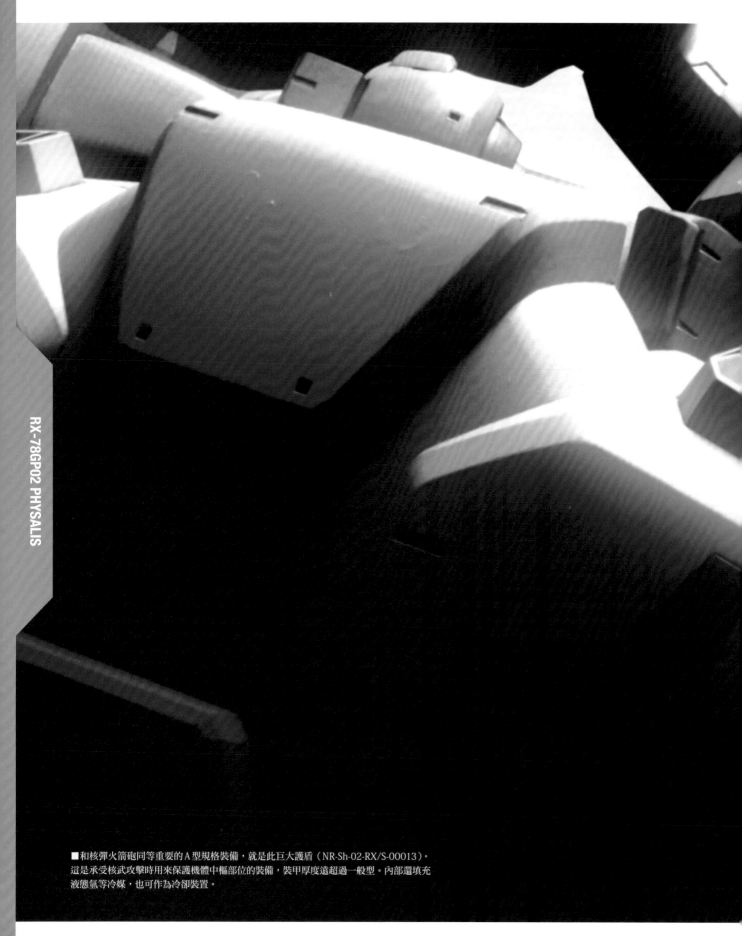

■和核彈火箭砲同等重要的A型規格裝備，就是此巨大護盾（NR-Sh-02-RX/S-00013）。
這是承受核武攻擊時用來保護機體中樞部位的裝備，裝甲厚度遠超過一般型。內部還填充
液態氫等冷媒，也可作為冷卻裝置。

RX-78GP02 PHYSALIS

■GP02A的設計構思,即使在以「局地戰」為目的的MS運用形態中也獨樹一格。不但可大膽以核彈攻擊據點,又有可以承受核武攻擊的厚重裝甲,兼具可在對MS戰鬥中取得優勢的機動性能。本機不但可確實將核彈頭運至目標地點,完成作戰目的,而且還有充分能力確保機體和駕駛員安全生還。

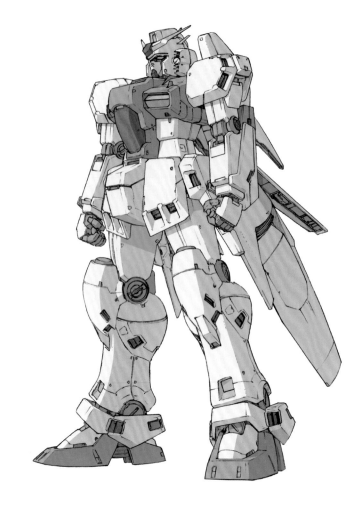

RX-78GP03 DENDROBIUM

鋼彈試作3號機〈典多洛比姆〉

　型號GP03，亦即第三架GP計畫機，據說是以MS與MA融合為目標所開發的機體。這架機體也承襲以植物相關名詞來命名的GP計畫機傳統，被賦予「典多洛比姆」之名。GP03是由中樞套組RX-78GP03S「鋼彈史迪蒙」（Gundam Stamen），以及外掛武器庫與推進系統「歐契斯」（Orchis）所組成，搭載全裝備時全長超過140公尺，堪稱是怪物級機器。這也是聯邦軍史上前所未見的大規模機動兵器。

　融合MS和支援機是自古以來就有的想法。例如在一年戰爭中，RX-78和G機械組成的「G裝甲」就已實用化。而大戰末期開始到戰後FSWS計畫的一環，就是試著在RX-78-7「鋼彈」7號機上裝載雙重增加套組，開發成HFA-78-3「重裝全裝甲鋼彈」。這架試作機嘗試在MS上加裝由推進系統（大推進力推進器和推進燃料箱）和武裝系統（大輸出光束加農和發電機）構成的增加套組，這種設計和GP03有很多類似之處。

　事實上，設計GP03時先進開發事業部的技術團隊，基本上正是承襲HFA-78-3的設計。機體正面為18米級

的MS，作為操縱系統，同時在它的背後配置巨大的武裝＆推進套組。

　不過GP03並不單純只是模仿HFA-78-3，應該也受到很多公國製MA設計的影響。舉例來說，採用兼具AMBAC肢體和格鬥戰武裝的「勾爪」（Claw Arm），讓人彷彿看到MA-05「畢格羅」（Bigro）的身影；而配備對抗光束兵器防禦系統「I-Field產生器」這一點，則讓人聯想到MA-08「畢格薩姆」（Big-Zam）。雖然也採用了可裝卸武器艙等新構想，但最適合用來表現本機的概念，應該可說是「聯邦的MS強化案和公國的MA之融合」吧。

　GP03和其他GP系列一樣，也是MS局地戰能力可能性的實證測試機。配備大型光束砲和大型推進機的GP03，本質上是以長程進攻和對艦戰鬥、據點攻擊為目的的兵器。不像GP02A的核彈頭是根本不知是否可實際使用的裝備，GP03的目的就是驗證在南極條約認可的武裝範圍內，是否可獲得相同的任務適合性。對於剛吸收吉翁系統技術的AE公司來說，能否實際生產這些裝備、實證其作戰能力，個中意義可謂深遠。

■除了MS用的各種兵器外，還必須控制外掛的武器庫與推進系統「歐契斯」所搭載的大量兵器，因此勢必得增強火器管制系統。原本歐契斯的武裝只要在合體狀態下可運用即可，因而最早只在歐契斯端搭載專用的控制系統。不過GP03和歐契斯具備互相通訊的功能，隨後也被要求追加遠端誘導機制。因此GP03的頭部套組採用了獨家規格的新型控制裝置，也更新監測用的感測器和掃瞄終端機。這些獨家功能賦予本機略不同於GP01的外觀印象。

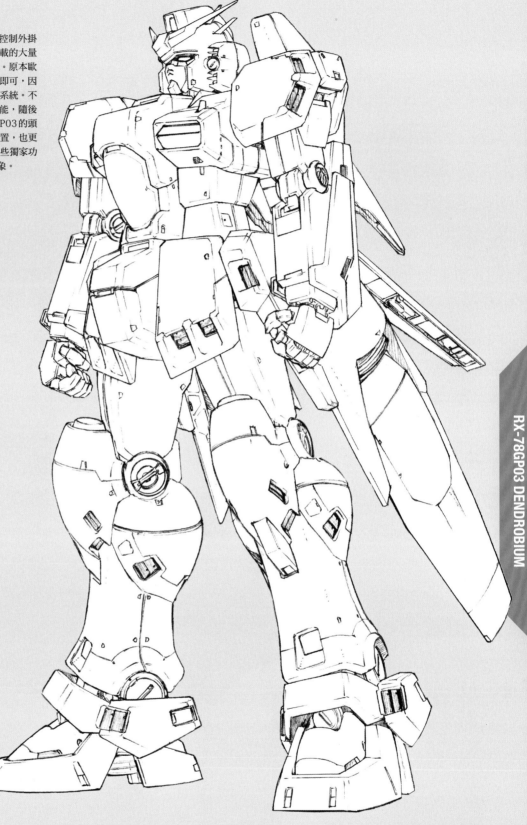

鋼彈試作3號機〈史迪蒙鋼彈〉

RX-78GP03S STAMEN

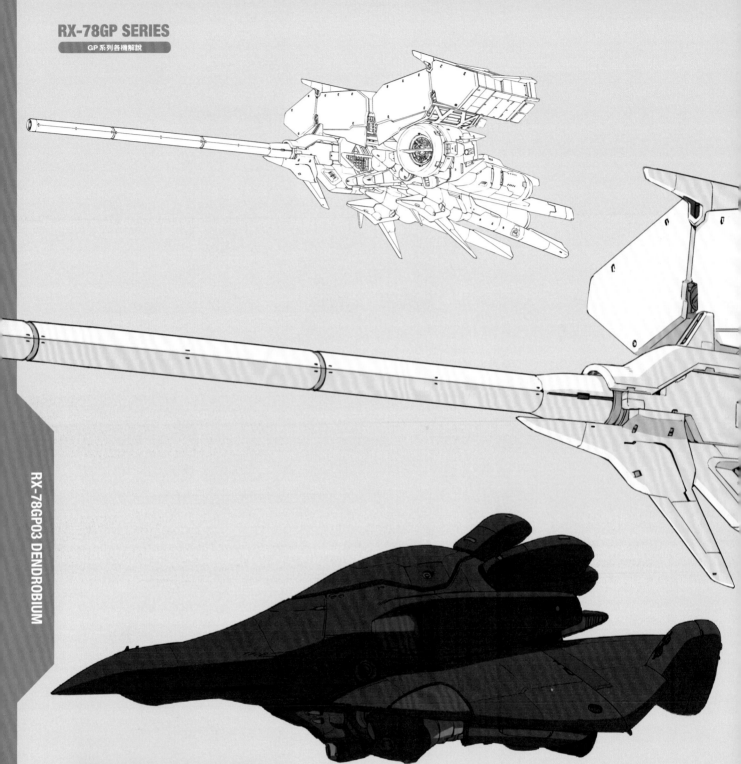

MA-06 VAL-WALO
MA-06〈巴爾‧瓦羅〉

　　MA-06是一年戰爭時吉翁公國軍的機動裝甲（Mobile Armour）。機動裝甲是一種不同於MS的機動兵器，可實現MS的機體規模無法實施的戰術，搭載裝備，所以不侷限於人型，機體也有一定程度的大小（重量）。

　　MA-06在月球表面和GP01-Fb交戰，對本機來說堪稱是最能發揮本領的環境。因為本機原本的主要任務，就是防衛宇宙要塞等據點，正是用來掃蕩的兵器。話雖如此，GP01-Fb還是抵抗了本機高速機動的攻擊。

　　本機的專長是透過巨大的推進器高速移動，必須使用MS無法比擬的推進燃料，機體必然龐大。GP01-Fb的開發概念或許可說是在MS的規格範圍內，實現足以和MA匹敵的機動戰鬥能力吧。我們甚至可以假定，正是GP03「典多洛比姆」，造就了像「巴爾‧瓦羅」這類據點防衛用的重機動兵器的發展吧。

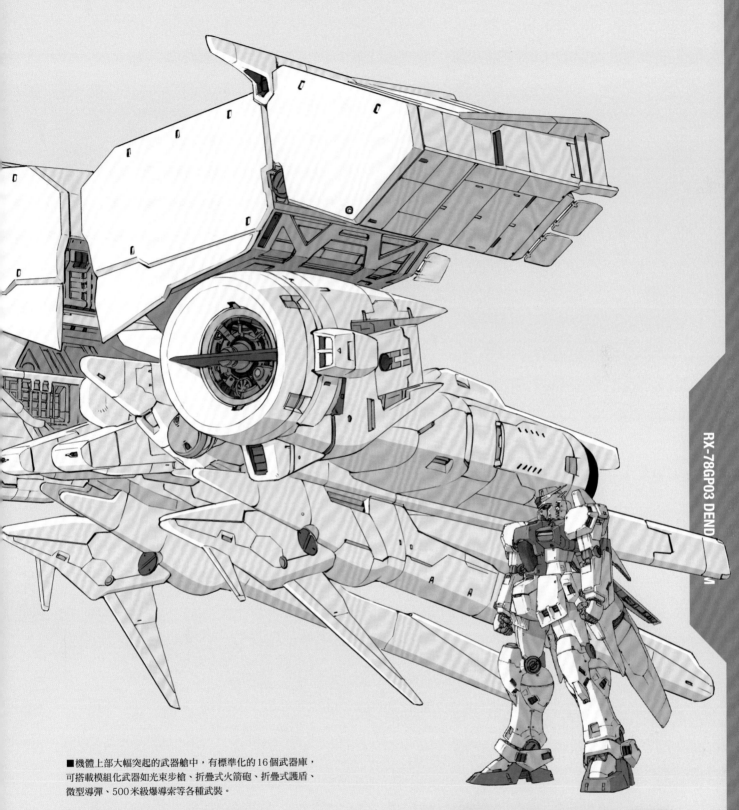

■機體上部大幅突起的武器艙中，有標準化的16個武器庫，
可搭載模組化武器如光束步槍、折疊式火箭砲、折疊式護盾、
微型導彈、500米級爆導索等各種武裝。

鋼彈試作3號機〈典多洛比姆／歐契斯〉

RX-78GP03
DENDROBIUM / ORCHIS

■U.C.0083年11月13日，由浦木宏中尉（當時／戰時階級）操縱的
GP03，在和迪拉茲艦隊的MA交戰中，遭聯邦軍為阻止敵方殖民地落下
作戰而照射的太陽光反射系統Ⅱ熱線破壞，中尉只好捨棄「歐契斯」，駕
駛「史迪蒙鋼彈」逃生。該機生還後，機體據說由地球聯邦軍回收，但
因鋼彈開發計畫所有相關紀錄全被抹消，下場不得而知。

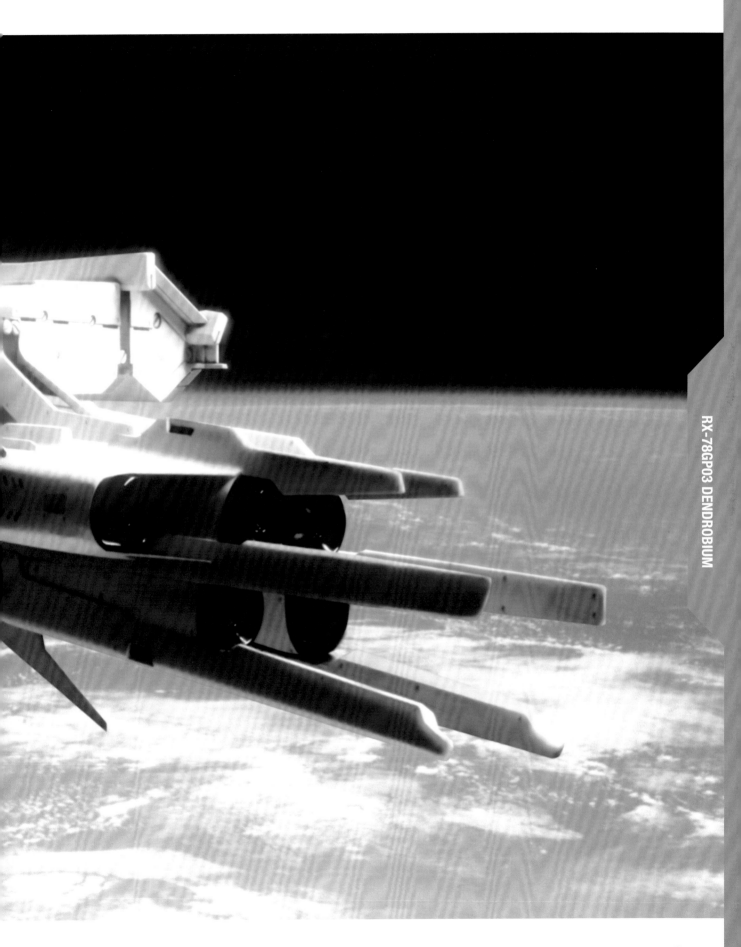

由於賦予MS單機攻略敵方據點的能力，作為MS的選配裝備，「歐契斯」可説打破了常規規格。一般艦艇要經常運用這項裝配實在有些困難，而且很明顯地它無法收納在現有艦艇、強襲登陸艦的收納庫中。可能也是因為這樣，本機當時是隱藏了原本的用途，而以預定配置在月神二號和月面據點作為「據點防衛用」的名目，通過預算審議。然而它的概念可説是完全屬於攻擊型MS的範疇。

計畫初期階段曾摸索數個試行方案，比較檢討後到確定可取得預算時，基礎設計已大致完成。設計作業之所以如此順利，應該是因為在開發外掛武器庫與推進系統時，有獲得外部協助而成立的專屬開發團隊存在。

當時的先進開發事業部集結了AE公司的頂尖精英，但他們開發MA級大型機動兵器的相關經驗不足，光靠自己部門之力，必須從基礎研究開始著手才行。因此決定從關係企業的航空、航宙機部門，以及有MA開發經驗的舊公國系列廠商招募人手，特別組成外掛武器庫與推進系統的專屬開發團隊。

負責開發外掛武器庫與推進系統的團隊，設計在70米級的母體上搭載1門長砲身大型光束砲作為主砲，另搭載一對內建光束兵器的勾爪、I-Field產生器，甚至是大容量的武器艙。要驅動這些兵器必須供應極為龐大的電力，所以也配備了大型發電機和大推進力推進器。如此完成的套組有如小型航宙艦，仿蘭科植物命名為「歐契斯」。

另一方面，中樞套組的MS則被賦予GP03S的代號，並以表示雄蕊的「史迪蒙」為名，和基本機種GP01一樣，由先進開發事業部負責設計。許多設計和組件都挪用自GP01，所以製造出線條類似的機體。當然共通骨架的部分，也一樣使用相同的骨架。

不過考量到要連接「歐契斯」，機體背部的武裝背包必須小型化，因此捨棄了大幅突出的武裝背包系統，取而代之的是在腰部新增和宇宙噴射箱一樣的可動式推進系統尾部平衡推進翼。此外，為了方便從「歐契斯」的武器艙取出各式武裝，臂部套組也增加伸展機構，折疊機械臂展開到最大時可確保平時3倍以上的觸及距離，可視戰況任意選擇武裝裝備。連這種特殊機構都組裝到中樞套組的MS，應該可説是一年戰爭時代的經驗結晶。

公國軍的MA活用大火力和高機動力肆虐各地，讓聯邦軍頭痛不已。然而聯邦軍發現MA動作不夠細膩，肉搏戰時出乎意料地脆弱。宇宙軍付出慘痛的代價樹立肉搏戰術，在大戰末期成功擊毀多架MA。正因為有這樣的經驗，軍部才會堅持導入擅長格鬥戰的MS，以便在近身搏擊時不至於吃大虧。

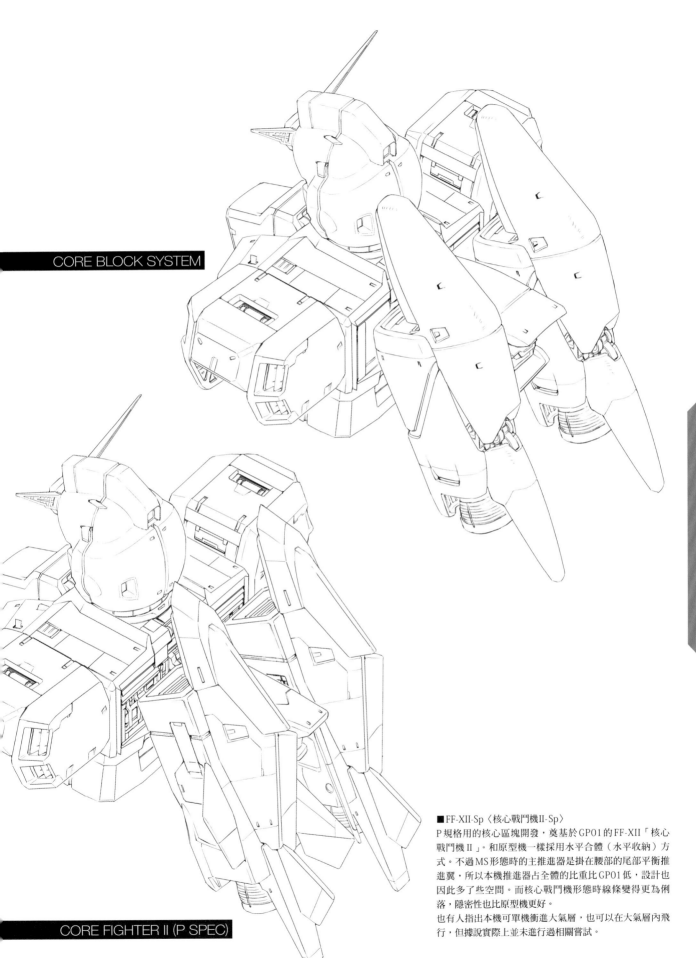

CORE BLOCK SYSTEM

CORE FIGHTER II (P SPEC)

■FF-XII-Sp〈核心戰鬥機II-Sp〉
P規格用的核心區塊開發，奠基於GP01的FF-XII「核心戰鬥機II」。和原型機一樣採用水平合體（水平收納）方式。不過MS形態時的主推進器是掛在腰部的尾部平衡推進翼，所以本機推進器佔全體的比重比GP01低，設計也因此多了些空間。而核心戰鬥機形態時線條變得更為俐落，隱密性也比原型機更好。
也有人指出本機可單機衝進大氣層，也可以在大氣層內飛行，但據說實際上並未進行過相關嘗試。

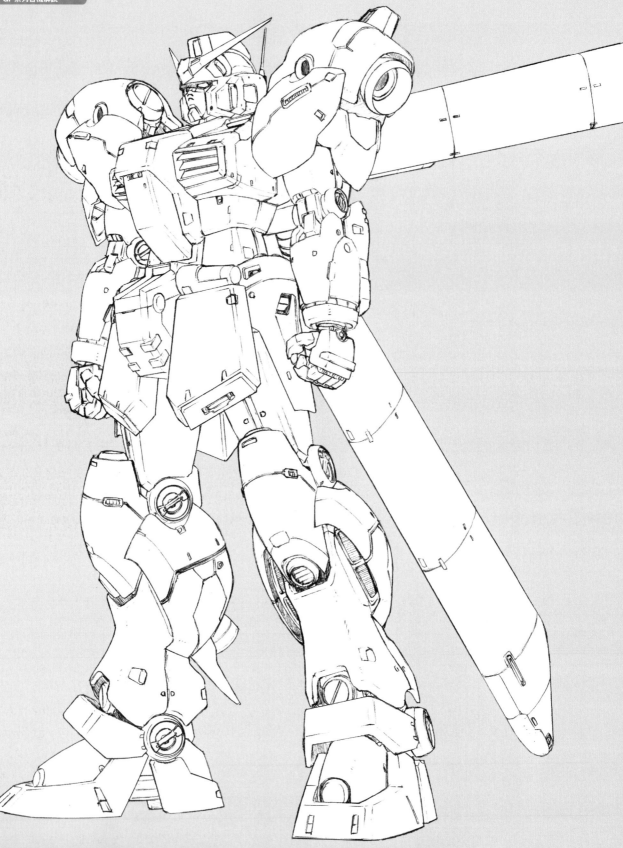

鋼彈試作4號機〈卡貝拉〉

RX-78GP04 GERBERA

GP03S的確因內含特殊機構，導致裝甲強度降低，但格鬥性能可是和GP01不相上下，作為單體的MS也算是高水準的機體。偶爾有人會説GP03S是「典多洛比姆」的脫逃裝置，不過如果目的僅僅在此，要求規格也太多了。換言之，GP03S是更積極的攻擊手段，甚至就「典多洛比姆」全體系統來説，也是眾多武裝之一。

至於真正的脫逃機構，開發上卻陷入困境。先進開發事業部在開發本機時，除了以GP01的FF-XII「核心戰鬥機II」為基礎外，原本還計畫打造出導入球形全景螢幕和最新介面線性駕駛座的新型機。但在空間有限的「核心戰鬥機II」內要再加入新式操縱系統，出乎意料地困難，導致設計作業大幅落後。因此就決定採用二階段式製程，先個別試作球形駕駛艙和核心區塊系統式駕駛艙，之後再試圖融合。

這表示要製作操縱系統全然不同的兩種胴體套組，但因球形駕駛艙可挪用GP02的組件，而核心區塊系統可挪用GP01的組件，因此只要分割功能就可以輕鬆開發。在如火如荼地建造「歐契斯」時，如果MS端不能做好準備，就會延宕到GP03計畫的整體時程，所以這可説是不得已的決定吧。

順帶一提，此時試作的核心區塊，為方便起見，被賦予「核心戰鬥機II-Sp」的名稱，而使用收納此核心區塊的胴體套組則被稱為「P規格」[※]。不過U.C.0083年11月11日強襲登陸艦「亞爾比翁」接收本機時，好像並不是採用P規格，而是球形駕駛艙規格。

※P規格
似乎是以Prototype（原型），或Pistil（雌蕊）和Pollen（花粉）等單詞來命名。

RX-78GP04 GERBERA
鋼彈試作4號機〈卡貝拉〉

其他節也提過，GP計畫是AE公司先擬定設計計畫，然後軍方再加以審查決定是否採用。因此其實其中也有許多計畫因無法取得軍方核准，最終只能廢棄。當中還有一度取得核准進行開發，結果中途卻被取消的機體。

例如代號GP04G的試作機，就是重視肉搏戰的強襲用MS。

本機由開發GP02的第二研究事業部負責設計。據説是活用高度機動性，具備一擊即離特性，概念類似公國軍製強襲用MS，即MS-18E「肯普法」（KÄMPFER）。

根據他們提出的初期計畫案，本機和GP02一樣，在肩部配置大推進力的推進器。不過當時想用的並不是像配備3座火箭馬達的靈敏可動式推進翼這種大型裝置，而是單座式較小型的裝置。相對地，小腿部也配置推進器，背部也打算增設「Strum Booster」，也就是將大型推進器和推進燃料箱合而為一的推進裝置。Strum Booster是可拆卸的設計，大概是打算當推進劑用光時便可以直接丟棄在戰場上。

然而實際製造後，因為部分概念和GP01和GP02重複，軍方因而取消開發計畫。已經組裝好的骨架套組只能束之高閣了。

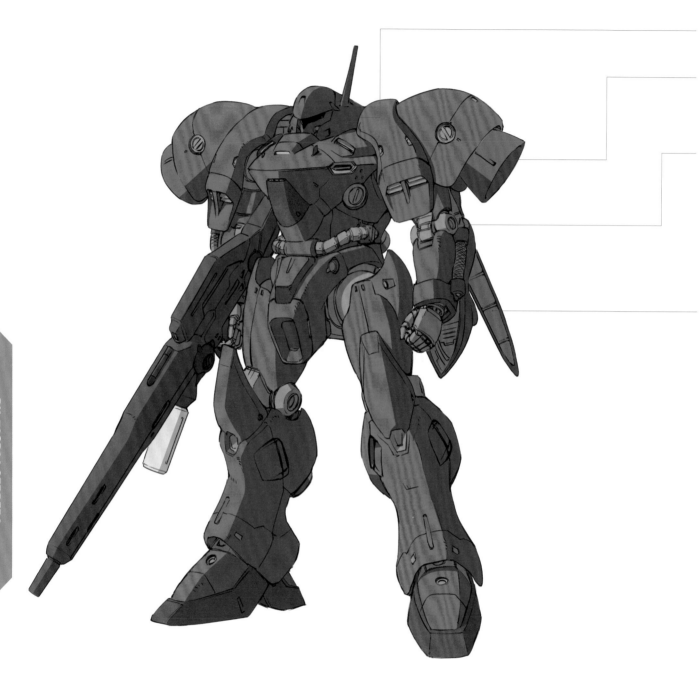

AGX-04 GERBERA TETRA
〈卡貝拉・迪特拉〉

AGX-04則成功地讓吉翁公國風格改頭換面,這可說正因為是推動裝甲和骨架分離的GP計畫機才能成就的偉業吧。而GP04G是否和GP01與GP02一樣採用共通骨架,這一點就沒有明確的資料可以證明了。不過從線條和GP01與GP03共通這一點來看,可能性應該是很高的。

■GP04G/AGX-04原本考量兩種主要兵裝。第一種是狙擊用的長光束步槍。一邊挪用Bauva公司的XBR-M-82系列基部,同時換裝成長砲身的砲筒,藉由提高輻合常數以延長射程距離。此外,為了提升射擊的穩定性,握把部似乎也換成新設計的組件。第二種則是重視連射性能的X-04光束機槍。這是可在GP04G原本設定的肉搏戰環境中發揮效果的武裝。

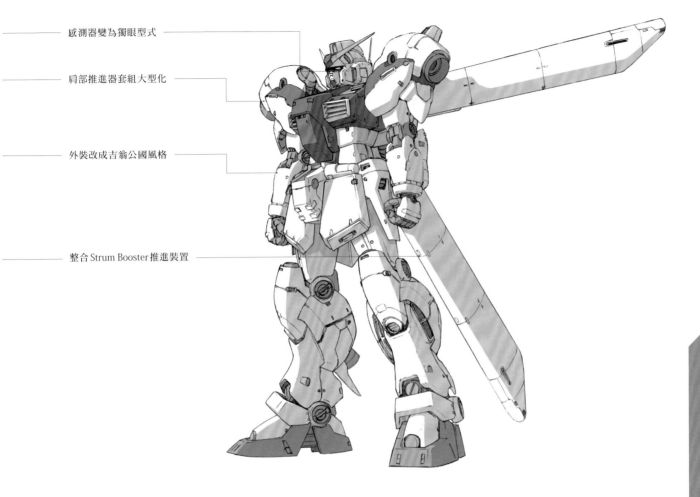

感測器變為獨眼型式

肩部推進器套組大型化

外裝改成吉翁公國風格

整合 Strum Booster 推進裝置

　　GP04G因為上述經過而被GP計畫除名，但開發團隊對其概念和設計還是充滿自信。對AE公司高層來說，大概也覺得投入珍貴資源開發的機體，就這樣捨棄實在可惜，因此決定以公司內部專案的名義繼續開發。經過一些規格變更後完成試作機。

　　機體開發代號改為AGX-04，暗喻「亞納海姆鋼彈試作4號機」，外裝也變得更富流線型，並導入當時試作的獨眼型式感測器，讓本機外觀呈現所謂的吉翁公國軍風格。此時本機非官方名稱為「卡貝拉‧迪特拉」，而且原本預定搭載的3座Strum Booster推進裝置，也決定整合為一。

　　另外，關於Strum Booster推進裝置，好像也有取消裝卸機構和本體合而為一，以提供更大推進力的計畫。為了試作這個被稱為A1型的規格，據說已進入零件類的組裝工程，但因某些原因失去試作機後，計畫就煙消雲散了。

　　為什麼會失去AGX-04的實機呢？有關這一點，從接受採訪的所有關係人士有志一同閉口不談的情形來看，應該是有不可告人的內情存在。一種說法表示為了收集實戰數據，而將AGX-04提供給引發U.C.0083年動亂的迪拉茲艦隊 ──或是其合作組織，但並沒有明確的證據可以證實這種說法。另外也有研究人員認為可能是將強襲用的本機更進一步擴充成殲滅用MS，也就是後來完成的MSN-04「沙薩比」，但這兩者之間也沒有明確的關聯性。

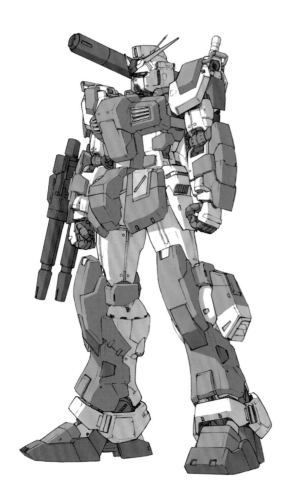

RX-78GP01Fa FULL ARMOR
鋼彈試作1號機〈全方位裝甲型・傑菲蘭沙斯〉

　　GP01以更進化的方式，運用了一年戰爭中身為聯邦軍MS先驅，證明許多技術的RX-78「鋼彈」的概念。RX-78以其高性能獲得通用性，而GP01則透過變更裝備來因應。這樣的概念甚至還有可因應運用地環境以及客戶對細節的要求，選擇交貨形態的優點。不同於完全將成本考量「置之度外」的RX-78，GP01也可說是一架摸索量產與通用性之間如何取得平衡的測試機。

　　GP01不僅透過換裝構成自身的套組，獲得這種多樣任務適合性，另外也有再架裝一組外裝，提供更高防禦性能的構想。這可說是原本的RX-78計畫中「FSWS構想」的進化型，其試作成品正是「全方位裝甲型・傑菲蘭沙斯」。在RX-78計畫的階段中，不過是以模擬方式進行證明測試（也有一說是有製造測試用實機）。這是因為在完成型的外裝上再蓋上一層外罩這種想法，很難

提供實用所需的強度，主要原因在於尚且無法找到現實可行的架裝接合方式。如果外裝和外裝之間無法完全密合，就會產生應力不均的問題，與其如此，不如直接把整個外裝換掉——這便是當時達成的結論。

　　GP01一開始在設計外裝時，就已經把要搭載這種選配列入考量。外裝的鑲板端部設計有可直接連結外裝骨架結構的架裝接合部，而縫隙內則有可直接安裝在機體本體骨架的線性接栓。除了全裝甲的外裝，還可視需要安裝追加的選配零件等。

　　GP01的FSWS構想中，原本也打算測試後來成為MS標準裝備的腳部盤旋移動用引擎套組，但包含此套組在內的部分系統，後來由全裝甲中獨立出來，成為選配套組另行測試，後來也順利實用化。可是整體的全裝甲構想卻因為GP01計畫中途作廢，最終未能實現。

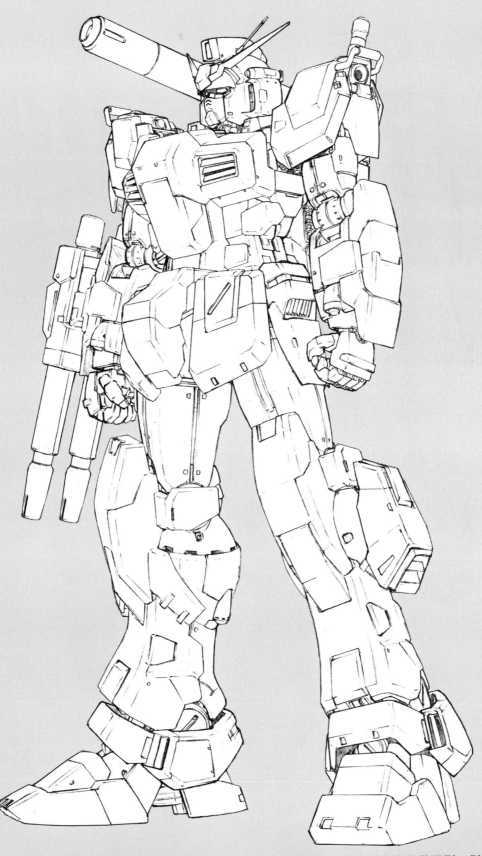

鋼彈試作1號機〈全方位裝甲型・傑菲蘭沙斯〉

RX-78GP01Fa FULL ARMOR

Structure of RX-78GP01(Fb) ZEPHYRANTHES and FULL BURNERN

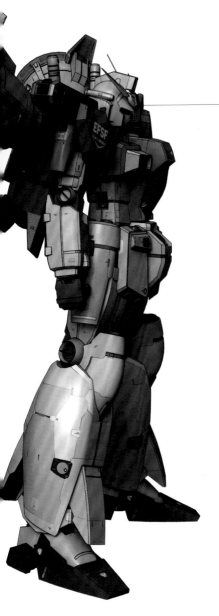

鋼彈試作 1 號機的結構

一年戰爭期間的 MS 機體結構

一直以來，對於 MS 的說明都是初期 MS 採用「半單體骨架結構」的機體結構。不過事實並非如此，這也是眾所周知的事。聯邦軍其實不曾明言 MS 機體的基本結構是半單體骨架，迄今也未針對基本結構有過任何公開發表。有鑑於開發及戰時和吉翁公國之間的 MS 技術諜報戰，這很可能是為了擾亂資訊而放出的假計畫，只不過不知何時變成官方資訊了。不過軍方也沒有因此蒙受任何損失，所以便索性放任不管了。

就結構力學而言，要維持軀體的裝甲外板形狀，半單體骨架結構可說是不可或缺。而在 MS 開發極早期的機體設計中，似乎也有導入的想法。原本採用半單體結構的目的是為了減輕重量和確保結構強度，然而當時是優先且無限制使用新開發材料的時期（大受月神二製鈦合金實用化和生產的影響），限定半單體骨架結構為唯一的軀體構成結構並沒有多大的意義。而 RX-78 是前所未見同時並進的試作機體，必須滿足試作中途變更規格、升級、試驗性地更換零件，以及運用試驗中便於維修等各項條件，對策就是各部位套組化，結果就形成組合收納各驅動機器的外罩、連結固定外罩的骨架，然後再罩上外裝以保護內部的基本軀體。這種部分導入外骨格結構而成的結構，不能稱為半單體骨架結構，但也和之後 MS 的完全內骨格基本結構不同，然而卻也成功實用化了。後來研究人員稱這種結構為「疑似內骨格型」，但這只是方便起見，而非正式名稱，這一點要在此先聲明。

疑似內骨格結構就像是立體拼圖，RX-78 系列 MS 在開發時便應用各種方法論試作形狀，就連相較於 RX-78 更為依賴外骨格的 RGM-79 系列初期機體，也都大幅導入疑似內骨格結構。RGM-79 系列機體之所以可見到許多小幅改款所造成的裝甲形狀差異，還有可因應用途變更裝備的變化性，正是以疑似內骨格結構為基礎的緣故。

疑似內骨格結構的優點，就是可利用外罩接合骨架的調整方法，輕鬆進行如腳部或臂部的延展，在同時試作不同用途機體時，可說是非常好用的結構。

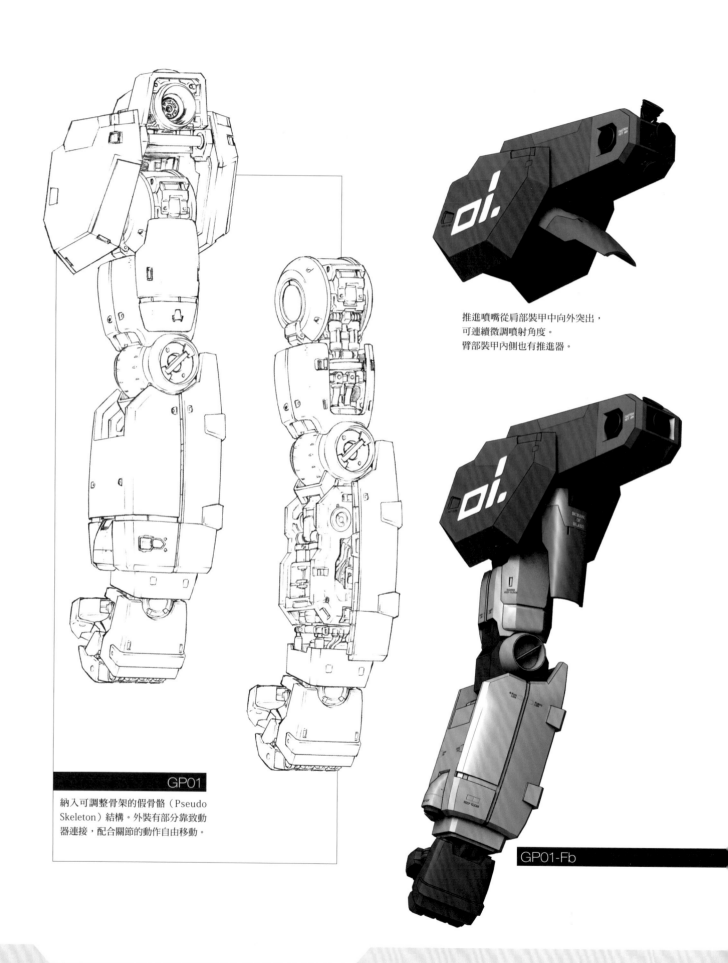

推進噴嘴從肩部裝甲中向外突出，
可連續微調噴射角度。
臂部裝甲內側也有推進器。

GP01

納入可調整骨架的假骨骼（Pseudo
Skeleton）結構。外裝有部分靠致動
器連接，配合關節的動作自由移動。

GP01-Fb

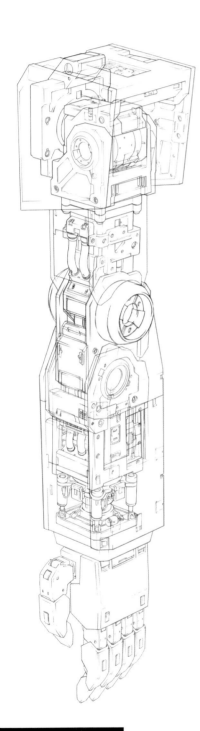

RGM-79

RGM-79「吉姆」的假骨骼結構。
明顯區分骨架和外裝，同時堅固地
固定，只有關節部分可動。

GP01骨架結構

　過去的假骨格（疑似內骨骼）結構，是用有如拼圖的方式，組合構成MS軀體的各種機材、機器的外罩和支撐骨架，以確保軀體強度，再用外殼輔助支撐。可是在這種方式下，各模組的規格尺寸容許率很嚴格，例如必須強化驅動系統時，就必須設計將強化零件收納在假骨格結構體所占空間內。反之如果要讓驅動馬達大型化，也必須修改周邊結構全體的設計。

　考慮到概念機體的多樣化發展時，這種傳統方式的假骨骼也可能阻礙機體更進一步的通用性。開花小組最受好評的一點，就是讓可調整骨架這種發展中的假骨骼結構實用化。這不是讓各機器的外罩和輔助結構材的骨架完全緊黏在一起，而是用小型化的線性致動器或電磁式緩衝和鎖定系統來支撐。過去可能要新造輔助支撐骨架才能因應，現在只要是在事先預估的範圍內，就可以不更動單一骨架結構體，便能擴充結構內的容積和伸縮全長。還可以讓收納各種機器的外罩相對位置些微移動，以免影響驅動，讓四肢的屈伸可動域更為接近「人類」。另外還有其他構想，例如是否可以利用慣性質量的移動，來輔助控制因「電磁塗層」反應變得更敏銳的Field馬達呢？所以可調整骨架的實用化對MS開發實有重大影響。

　對機體機動性大幅發揮作用的機體內慣性質量移動，就物理上來看是不可能的，但卻找出可微調架構，透過驅動反應變得更敏銳的Field馬達啟動、停止時微妙的重心位置變化，儘可能減輕對軀體結構的負擔。

　此外，也開發出專用的擴展套組，因此就算對機體比例大幅改造，也可用相同的基本軀體結構輕鬆進行暫時的功能擴充。大型化的致動器和Field馬達的驅動測試，也由部分測試平台機材進行測試，進化到可直接維持MS形狀進行運作測試。站在提示新機體的次世代概念的角度來看，這種骨骼結構可靈活因應加工、增加、改良，因此GP系列的軀體結構便全面導入這種骨格結構。當然如果進化成量產機體，為確保結構強度和減少構成零件，變更為剛性骨架實為更加理想。

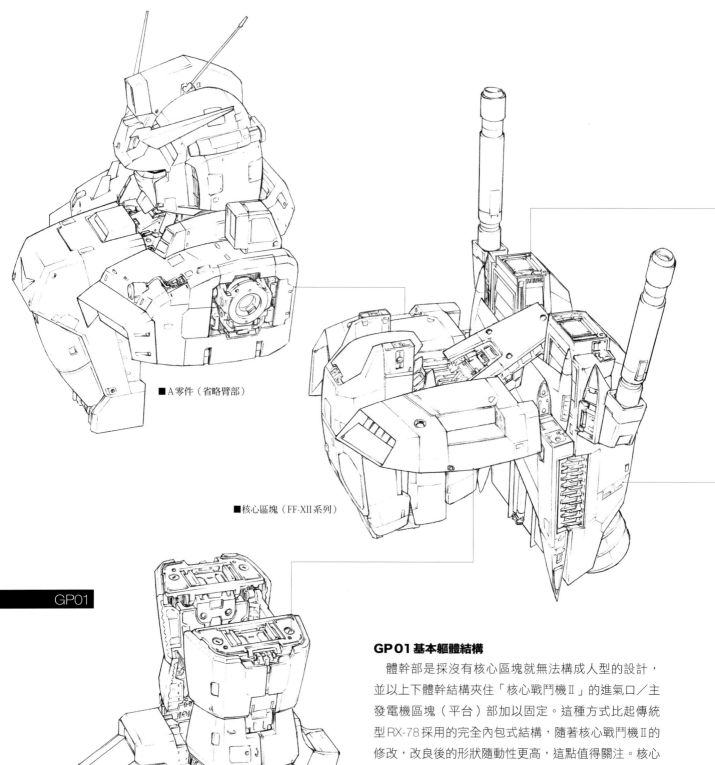

■A零件（省略臂部）

■核心區塊（FF-XII系列）

■B零件（省略腳部）

GP01

GP01 基本軀體結構

　　體幹部是採沒有核心區塊就無法構成人型的設計，並以上下體幹結構夾住「核心戰鬥機Ⅱ」的進氣口／主發電機區塊（平台）部加以固定。這種方式比起傳統型RX-78採用的完全內包式結構，隨著核心戰鬥機Ⅱ的修改，改良後的形狀隨動性更高，這點值得關注。核心戰鬥機Ⅱ的側面平台上下內建鎖定構件與電源供應連接器，上面連接MS胸部底座內側的合體接合器，下面連接由下底座向上伸出的側面區塊上端加以固定。核心戰鬥機Ⅱ的折疊機關部固定在MS軀體背面，彷彿被MS背著一樣，外面包覆著背部外殼（朗塞爾裝甲）。核心戰鬥機Ⅱ推進系統可直接作為MS主推進機器使用，因此緊急時可有效活用於加強推進力。

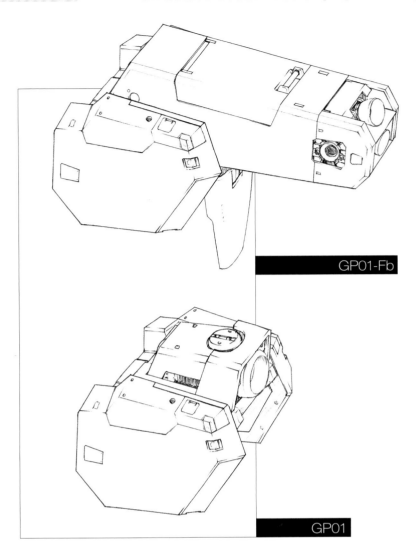

GP01-Fb

GP01

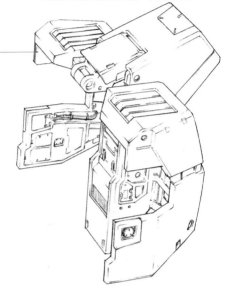

■背部外殼
這是配合FF-XII引擎區塊的專用設計，
不同型式會裝上其他外殼，或乾脆省略。

FF-XII系列的獨立駕駛艙區塊由筒狀模
組構成，傾倒90度即可收納在MS胴體
內。採用這種方式時已決定不支援大氣
圈內的空中換裝，因此核心區塊只能在
有專用設備的艦艇或基地設施換裝，必
須完全固定B區（下半身）才行。

GP01 的裝甲

　　各個外殼裝甲不消説，當然運用了裝甲材用的月神二製鈦合金。這些裝甲和開發RX-78當初相比，當然已經過改質以追求更高強度，但素材本身的實用強度並沒有創新變化。然而合成方法和成型加工技術有明顯的進步，和其他素材的熔敷一體化技術與合金結構轉移積層技術也已成熟，像是由裝甲表面到內部、內側，伴隨著功能變化的結構密度持續變化，花費的製作時間也只要過去的十分之一。

　　將特性相異的月神二製鈦合金成型為細微結構組合的技術也已獲得確立，因此過去作為素材有極高強度，但卻欠缺延展性、韌性也差，無法實用化的月神二製鈦合金，終於可作為裝甲表面的硬化素材。也就是將暫名為LT-XHX的高強度月神二製鈦合金粒子，注入製成立體網目結構的傳統型裝甲用月神二製鈦合金模型後成型。高強度LT-XHX占表面積高達70%，從而實現較傳統更為「堅固」的裝甲。在顯微鏡下看，表面有如砂紙呈現細微凹凸，因此最終還得再塗上金屬陶瓷塗層。就像鋼材實現表面硬化時的處理，堪稱是裝甲材料的劃時代進展，實現了月神二製鈦合金真正的表面硬化處理。

頭部

AE公司自行設計的MS採用了單眼式視覺感測器，但聯邦軍要求的規格之一，就是必須承襲RX-78的頭部式樣。因為頭部可説是象徵「鋼彈」這個「神話」不可或缺的符號集中部位，所以據説聯邦軍極為執著於頭部的式樣。而AE公司概念機「賣點」之一的單眼式大視野光學測距、識別機材和運用系統，很難轉變為複眼式機材，所以聯邦軍將之變更為RX-78與RGM-79搭載機材的發展型使用。

頭部設計本身沒經過太多猶豫就做出判斷，因而開發重點全然聚焦在如何根據RX-78頭部設計式樣，將當下最好（包含實驗性機材在內）的機材排列好，收納於頭部內。眾所周知，如果感受機器套組全集中於頭部，可是一件很危險的事，但顯然主要感測器又不得不放在最能發揮轉台功能的頭部。因此開發團隊建議頭部不搭載兵裝，而是強化感受用機材以及第一手處理資訊的電腦之冷卻系統，把所有頭部的容量都用來搭載這些配備。但是聯邦軍也提出RX-78和RGM-79在近距離作戰、對空戰鬥時頭部兵裝有效性的實績數據，祭出完全不同意撤除頭部兵裝的方針。

自從RX-78初號機問世以來，雖説各種感受機材已經過不斷的改良，但也不是幾年時間就可以一口氣大幅提升性能並達成小型化目標；而且光學感受系統如果要維持MS必須有的高解析度，小型化就有其極限。就有效活用頭部有限容積的角度來看，頭部搭載兵裝怎麼説都不是一件合理的事，因此AE公司也建議將變更搭載兵裝的規格（例如使用直徑較小的砲彈、不用多槍身方式而改用機關砲系統等）作為選項之一列入考量，但聯邦軍的回覆還是必須使用傳統的60毫米火神砲，沒有任何讓步的空間。

所以AE公司只得檢討搭載方法。將RX-78、RGM-79系列機側頭上方嵌入的機關砲套組，置於由臉頰向後頭部突出的安定翼上方，機關砲本身則採箱式收納，改良供彈裝置，在安定翼內確保彈匣空間。因為機關砲改採箱式設計，整備性較傳統RX-78和RGM-79系列更佳，故障時也只要更換箱體即可完成裝備更換。

此外箱體只要符合規格，也可以輕鬆地把60毫米的

火神砲變更成其他裝備，AE公司也自行製造數種選配裝備，如次世代型實體彈發射兵器（小口徑高初速之新型機關砲，AE公司旗下廠商試作）箱、手持兵器瞄準強化裝備的雷射測距望遠鏡、偵察裝備箱等，以作為展示用兵裝。

頭部內部撤除機關砲後，便得以或多或少擴充機材的搭載空間。前面提及的感測器機材，本身體積雖然無法縮減，但機材的驅動馬達（各感測器為得到最高接收效率，會個別「擺首」以控制位置、方位）、控制機器則顯著小型化。這是因為AE公司旗下擁有各式各樣的事業體，得以容易實現的部分。也就是説，在所謂的民生品部門中，便已經有許多高度小型輕量化的精密驅動馬達及其控制系統的現有商品，只要組合這些現有零件，就可以在短時間內完成最佳系統。此外，因嵌入機關砲而更形複雜的防震系統與冷卻散熱系統，也能簡化系統，提高整備性。

除此之外，也大幅確保增設第一手處理接收資訊的電腦套組的空間，追求小型高性能化的電腦處理能力也明顯增強。例如即時顯示性能（嚴格來説並不算是即時顯示，但已經是人類知覺無法感受到的時間延遲）已到達可充分追隨可能很快就要導入（也是AE公司所追求的駕駛艙視覺資訊顯示法）的全景式投影的規格。而且隨著全新循環式冷媒的導入，搭載機材的冷卻效率也獲得明顯改善。

主光學感受機材採用鋼彈型MS特色的雙重搭載，也就是一般俗稱的雙眼，配置可見光波段電磁波可穿過的「窗口」。此外，也具備可選擇性反射與吸收過高能量電磁波功能的光滑護罩（Glaze Shield），這使得電磁波穿透關鍵的電磁波能量反應層的感受性提升約30%，搭載機器針對有害波段的遮蔽性能也變得更好。雖然還不能完全去除啟動機體與重設護罩時出現的發光現象，但這個階段足以判斷為不影響運用的程度了（不過減少發光現象的研究仍持續進行）。

臉頰部位、前頭部位設置的百葉裝置是在大氣圈內運用時的強制吸排氣口。在宇宙空間時散熱是將熱移動到冷卻用觸媒，但在大氣圈內則和傳統機型一樣，內建以

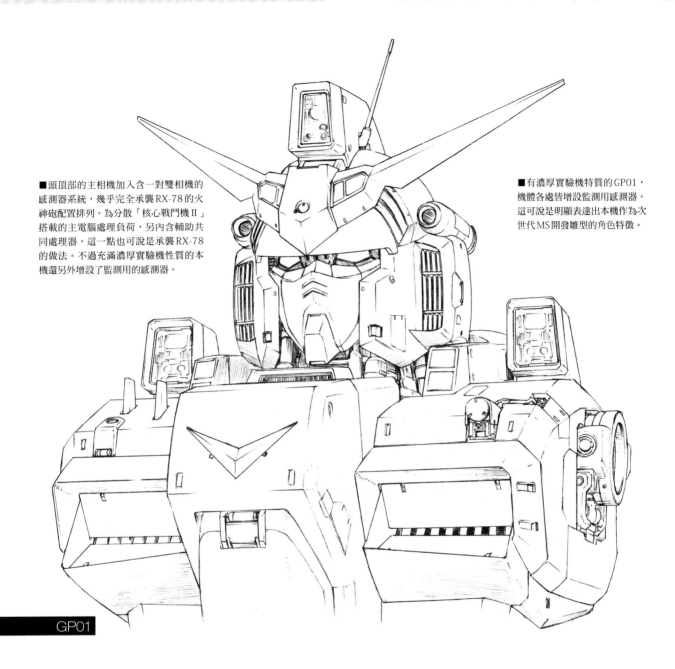

■頭頂部的主相機加入含一對雙相機的感測器系統，幾乎完全承襲RX-78的火神砲配置排列。為分散「核心戰鬥機Ⅱ」搭載的主電腦處理負荷，另內含輔助共同處理器，這一點也可說是承襲RX-78的做法。不過充滿濃厚實驗機性質的本機還另外增設了監測用的感測器。

■有濃厚實驗機特質的GP01，機體各處皆增設監測用感測器。這可說是明顯表達出本機作為次世代MS開發雛型的角色特徵。

GP01

空氣為輔助以提高效率的系統。不過這次的系統並非只能吸進或只能排出的單方向風道，而是各個百葉裝置背後的風道能視周圍狀況，自動切換成吸氣或排氣散熱功能的新系統。

由頭頂部向後頭部延伸的輔助感測器收納整流罩，為強化搭載材材和確保整備性而大型化，整流罩可當成一個套組拆下。此外設計成可由整流罩直接伸出的天線，是為了隨時將整流罩內的輔助感測器類收集到的數據，傳送至附近的機體實驗支援艦而安裝，可說是實驗機才有的裝備。

前頭部的Ｖ型天線也為了強化收發輸出而大型化。米洛夫斯基粒子的分布領域會隨著宇宙域、地域而不同，因此也有許多場合可用電磁波通訊。然而受干擾的波長範圍不一，所以強化天線的目的之一，也是為了擴大可使用的頻譜範圍。除了刀刃狀的整流罩，連基部都內建支援不同頻率的收發用天線元件。

構成「臉部」的面罩部分，同時也作為隱藏其下的感受感測器的保護裝甲，這項機制和過去設計全然一致。而面罩中央的縫隙則是作為掃瞄用窗，目的是為了收集紅外線波長的資訊。「下顎」部分，也就是所謂的頦部

整流罩，則內建有雷達。

這些頭部要素和傳統MS雖沒有太大變化，但搭載機材的性能已經提升到當時的最高水準，這一點自是無庸置疑。而頭部構成外殼也視功能部位大幅分割，每個獨立單元都以一定規格的締結裝置組合，因此可輕易進行左右頰部安定翼、頭頂部、面罩部分等之形狀變更、伴隨內部裝備變更之外裝部分置換等。GP系列（含GP00）的頭部形狀皆不同，就是因為安裝了測試裝備，以實驗因應各機用途的功能及進氣／排氣效率，不過內部「骨格」則全部共通，這一點前面也已經說明過。

GP01除了地上用外裝之外，據說AE公司還自行以相同設計製造了宇宙用的外殼。這是強化冷卻、散熱效率的實驗機材之一，外裝表面全體可釋出非可視光與可視光波長的電磁波。實際安裝的外殼鑲板，是以不變更設計形狀為前提，目的為打造在地上和宇宙環境均可進行運用實驗的共用機體，因此和之後Fb規格安裝的頭部外殼之間，在外觀上並沒有明顯的變化。進氣／排氣的百葉裝置也是用以確認輻射面積的擴大效果，所以留下風道這種在宇宙規格中沒什麼意義的結構。

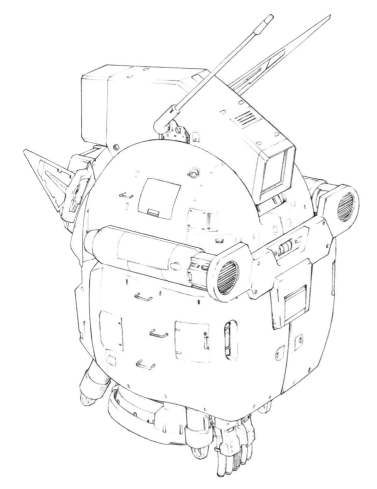

GP01

感測器

由於GP01為概念機體，不僅A／B零件，機體各部位也都搭載了大型的增設感測器。感測器組包含了光學映像、紅外線影像、機軸相對位置感測器、雷射通訊裝置等，還有可隨時儲存紀錄的媒體，用以記錄設置在可動部位和結構材各部位的扭曲偵測和壓縮度感測器所收集的數據。另外也會將備份數據儲存在四肢驅動用輔助電腦的紀錄媒體內，隨時傳送到附近的運用母機。這些增設感測器也被投入將駕駛艙改成全景式顯示之外部視覺資訊收集的實驗裡，因此準備有大量試作品，在比較試驗後定下各主要部位的複合感測器的位置，逐步減少GP01機體上的感測器數量。在第一階段，機體側的威脅判定只要能發揮輔助駕駛員判斷威脅的功能即可，即使同時出現多種相同程度的威脅，也不一定需要顯示所有威脅的詳細資訊。這是因為主要感測器的規格可鎖定駕駛員的機體操作情形，自動聚焦在最大的威脅上。在後來的評定裡，這等規格也被給予「可望減輕駕駛員心理負擔」的評價。

當然，在保護機體的前提下，感測器針對威脅機體的對象物，會以資格資訊的形式隨時將警告事項傳達給駕駛員。不過當時以電腦繪圖重現的駕駛艙影像，除了聚焦的目標以外，一律都調整成以圖示等情報模糊的方式來顯示。後來開發的360度螢幕，對於駕駛員視野外的外界影像透過CG技術處理成刻意強調虛擬感的示意影

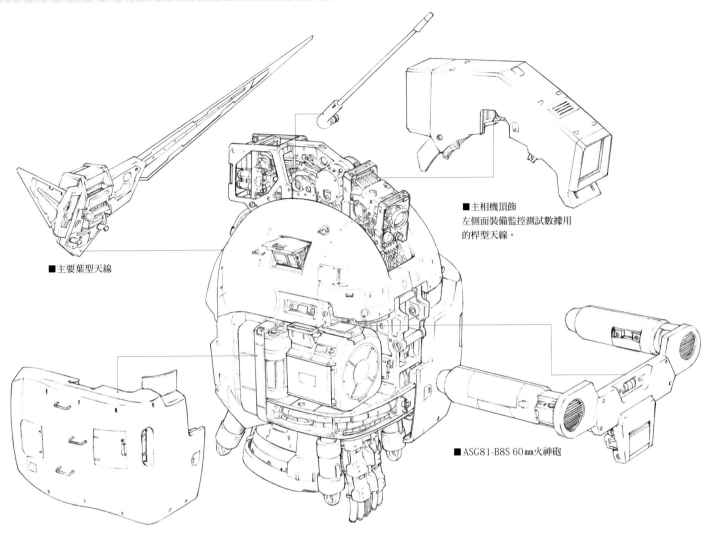

■主要葉型天線

■主相機頂飾
左側面裝備監控測試數據用
的桿型天線。

■ASG81-B8S 60mm火神砲

像,這個概念或許也是來自開發GP系列的經驗吧。總之,GP01透過搭載的新型統合環境知覺處理系統,支援初期搭載的冗贅感測器系統,隨著感測器的配置陸續確定後,機體負荷減輕,於是在換裝成GP01-Fb時,就把這個處理系統更換成低電壓動作型套組,以便有效抑制發熱情形。

GP01所搭載的知覺系統,其優越性就在於透過上述研究,判定敵方脅威順序的能力(即排序能力)變得更為精密。早在一年戰爭時,當時的MS便已搭載捕捉多項目標的功能,但無奈受到米洛夫斯基粒子的影響,很難達到精準的量測,不但無法正確捕捉目標,最多也只能做到將捕捉目標情報一視同仁的層級。等到敵人逼近自軍,系統掌握到正確資訊且終於發出緊急警告時,駕駛員常常已經來不及反應。GP01的敵人搜索能力在實用範疇內已較RGM-79成倍提升,甚至還可透過高水

準的影像處理與威脅判定能力制敵機先,讓駕駛員有充裕時間加以應對。不消說,這項研究自然也回饋給最需要多目標同時攻擊能力的GP03系統。

此外,雙腳前方特別增設縫隙掃瞄式動體感知的感測器,也正因為是測試機才如此設置。下方視界資訊比照傳統機型,原本只打算裝設在腳尖與股間,不過設計時針對周邊人員較可能發生危險的部分,又另行設置了感測器。經過實際運用後,開發團隊判斷在地上運用時可加強感測接近地面移動的物體,在宇宙環境下可強化機體下方的死角,因此決定在感測系統附加光學感測器,首次嘗試搭載單眼式感測器。在一年戰爭時,駕駛員起飛時往往會下意識地留意周邊環境,這項習慣幾乎成為制式流程。為了減輕此項繁瑣儀式,且儘可能縮短機體緊急起飛時所需的離艦時間,AE公司員工這種可說是雞婆的考量好像也不是完全沒有意義的舉動。

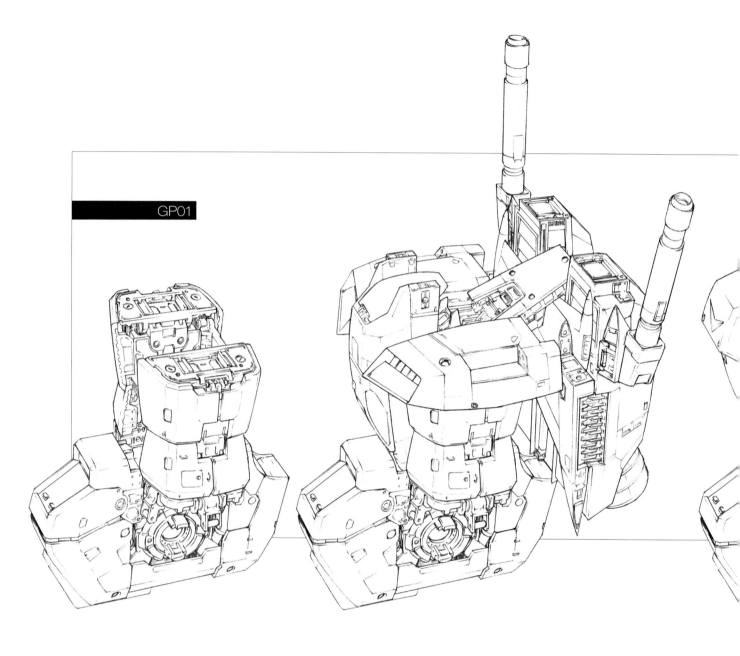

GP01

A零件

　A零件（Akro-parts，頭頂的、上方的）是支持中央轉台的頭部與操縱器／手臂群，並搭載驅動上述組件的Field馬達和控制系統機材，且保護核心區塊的駕駛艙及側面平台的結構體，和傳統型RX-78最不同的地方，在於和B零件合體的結構。傳統型RX-78收納保護核心區塊的腰部外殼和胸部結構固定在一起，和B零件的腹部夾層接合。腰部外殼是以假骨格（疑似內骨格）構成的軀體中，由少數實質的基礎骨骼（半單體骨架）結構體包覆核心區塊，透過腰部外殼以下底座支撐上半身荷重的方式，形成閉殼式結構。

　然而GP01完全刷新了「核心戰鬥機Ⅱ」的收納方式。這是因為有必要將伴隨核心戰鬥機Ⅱ推進力增強和性能提升而大型化的機體，收納在接近傳統規格的MS軀體全長與總寬內。既然是概念機體，好像也沒必要特別依照傳統規格設計，但因為航宙艦艇和太空殖民地、多數的宇宙／地上設施支援MS的出入口、船塢、收納設備的天花板高度等，都以20米級為基本規格，如果大幅偏離此規格，就必須改造成專用設備。說不定是考量到從概念機要進一步到簽訂量產機體試作合約時，這一點可能會成為不利因素吧。

　包覆到核心戰鬥機Ⅱ平台下面的胸部裝甲（胸部外殼）內側，有由支撐頭部、肩部的接合構件到外殼裝甲

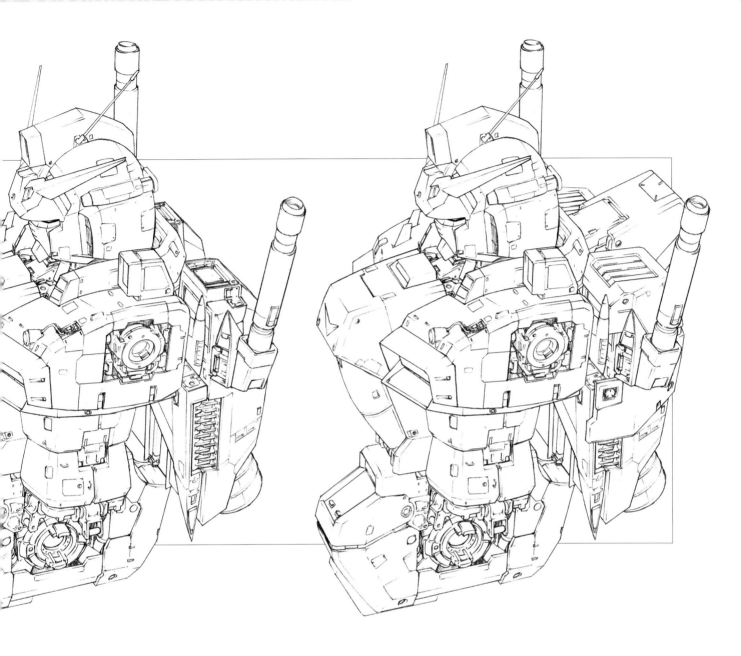

安裝基部為止的一體型骨格結構（胸部底座）；支撐胸前的駕駛艙保護裝甲（胸部區塊）的胸骨骨架（胸部支撐架），則由此前端經駕駛艙連接門兩側向下方延伸，下端和由Ｂ零件下底座突起的彈性連接器緩步結合。胸骨骨架在由下底座突起的側面區塊（腹側部結構體）的內側小接合面，透過鎖定鍵進行物理性接合，再利用電磁固定機構，實現堅固但可支援腰部旋轉和伸屈的彈性結合。由駕駛艙保護裝甲部位懸臂式支撐Ａ零件和Ｂ零件的結構，或多或少會產生影響裝甲強度的問題（例如胸部外殼無法深入核心戰鬥機平台下面），但畢竟是概念機，測試運用時萬一出問題，以確實且迅速減輕ＭＳ軀體負擔，讓核心戰鬥機Ⅱ脫離為首要之務。必須之後被稱為宇宙規格的機體則是實裝型裝甲的設計原型機，所以不可忘記GP01的「陸戰規格」定位，其實只是實驗性地安裝附加裝甲以進行驅動測試的機體。

接合時，位於背面的核心戰鬥機Ⅱ的機關部，是由獨立的背面裝甲外殼保護，但因為是在ＭＳ軀體驅動時作為主推進力使用，因此主要噴嘴周邊被判定有必須露出的修改空間。此外，移動時作為主推進力進行連續性噴射時，也預想到推進劑消耗過多的情形（原則上雖由驅動控制系統軟體管理推進劑消耗，但也能手動操作），應該如何設定作為主推進力的推進劑使用極限，這也▶

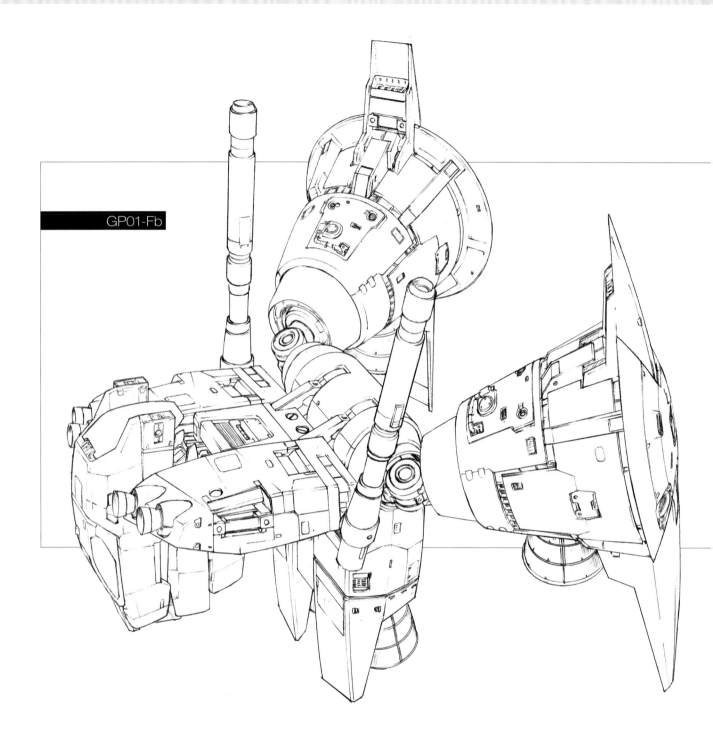

GP01-Fb

核心區塊系統

　　之前也已説明，所有GP系列的機體設計都以導入核心區塊系統為前提。不過實際上，其實也同時並進修改核心戰鬥機。基本構成雖已完成，卻也製作各式更換模組，例如不同輸出的發電機搭載實驗、強化主引擎推進力、續航距離相關之推進劑（燃料）內建的搭載方式，以及增加搭載裝備、兵裝強化等等。

　　核心區塊系統在性能要求上，不能比專為大氣圈內或

▶是GP01運用試驗的課題之一。核心戰鬥機Ⅱ減輕MS軀體負擔後，殘餘推進劑的實際可飛行距離，會因運用環境而大為不同，無法確定一定數量，但至少必須預留可飛行數公里的推進劑（或燃料），因此在背部外殼搭載預留量，設定為使用噴嘴作為主推進力時，優先消耗背部外殼內搭載的推進劑。

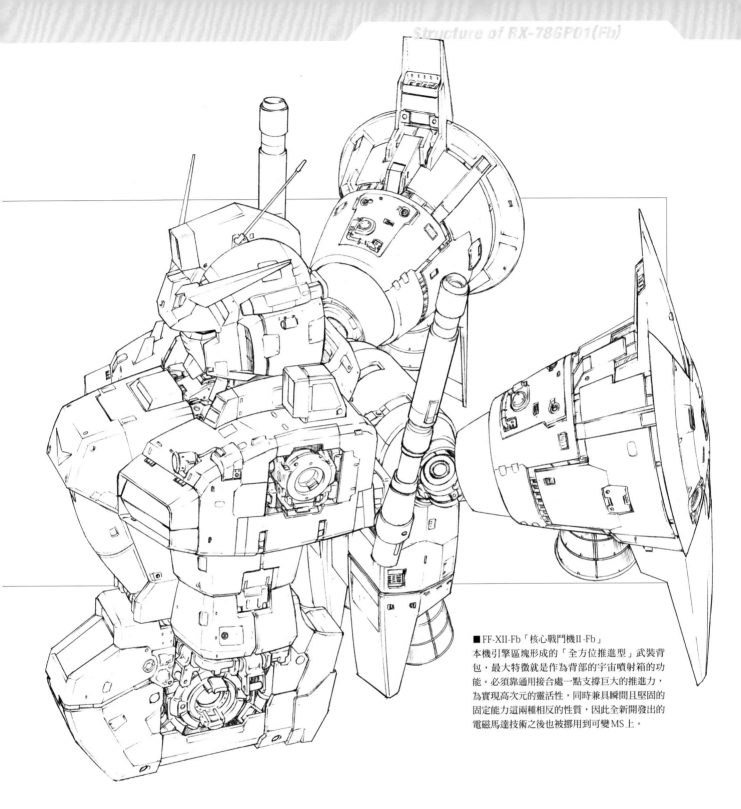

■ FF-XII-Fb「核心戰鬥機II-Fb」
本機引擎區塊形成的「全方位推進型」武裝背
包，最大特徵就是作為背部的宇宙噴射箱的功
能。必須靠通用接合處一點支撐巨大的推進力，
為實現高次元的靈活性，同時兼具瞬間且堅固的
固定能力這兩種相反的性質，因此全新開發出的
電磁馬達技術之後也被挪用到可變MS上。

宇宙空間運用而設計生產的航空機、航宙機遜色，且必
須可供「鋼彈」的駕駛艙模組使用。這是因為傳統型核
心戰鬥機作為多功能戰鬥機，表現出超乎預期的效果，
導致用於GP系列的核心戰鬥機從設計階段開始，就被
設定了極高的門檻。

　因此開發人員進行多項試作，似乎也實際製造出相當
多的機體。GP01「陸戰使用型」搭載的是由最原始的

模組組合而成的機體，性能雖非最高，但卻具備最適合
收集資料的裝載量（即機體內容積沒有全用來裝載航
空機的必要機材，還有多餘空間搭載量測機器），所以
運用試驗時主要使用本機體（通稱「一般媒介」）。之後
「宇宙使用型」運用的Fb規格，則是以航宙機功能為前
提而製作的選配之一，不光是核心戰鬥機，也是追求
MS單機續航距離延長、移動速度提升的實驗用機材。

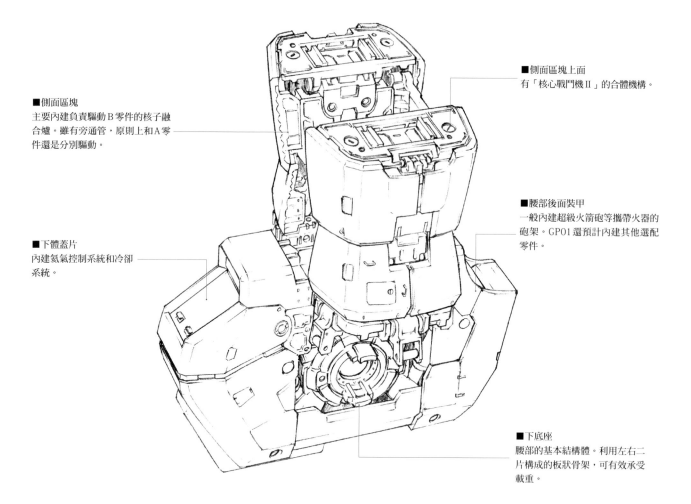

■側面區塊上面
有「核心戰鬥機Ⅱ」的合體機構。

■側面區塊
主要內建負責驅動 B 零件的核子融
合爐。雖有旁通管，原則上和 A 零
件還是分別驅動。

■腰部後面裝甲
一般內建超級火箭砲等攜帶火器的
砲架。GP01 還預計內建其他選配
零件。

■下體蓋片
內建氫氣控制系統和冷卻
系統。

■下底座
腰部的基本結構體。利用左右二
片構成的板狀骨架，可有效承受
載重。

B 零件

　　傳統型 RX-78 是以腰部外殼支撐上半身荷重，但相較於其他部位，裝甲強度卻不足。GP 系統的 B 零件（Basal-parts，基底的）因改變核心區塊的收納方式，內側空間變大，因此可強化裝甲，擴大腰部驅動（旋轉、伸屈）範圍。此外也更容易形成支撐結構強化所需的內包骨架。另一方面，也必須由下方「柔軟地」支撐「核心戰鬥機Ⅱ」的主發電機區塊，還必須導入束縛機構，因此開發團隊也在摸索電磁性束縛、固定與物理性緩衝的有效組合。GP01 雖運用能承受一般使用的衝擊吸收材質層為緩衝，但目標還是希望透過外加的方式，讓可調整硬度的合成樹脂導體材料實用化。所以自 Fb 規格起就改用這種素材。

　　考量到雙踏板式步行裝置各關節與連接關節的「髖關節」各自承受極大的荷重，因此自 RX-78 開發以來，進行過無數次關節部驅動和負荷耐性實驗，累積了龐大的結構強度測試數據。導入附「電磁塗層」Field 馬達對各驅動結構體的負荷、制動控制資料，也已有許多模擬或試驗四肢驅動實驗的數據。但關於實戰運用時的數據，雖已儘可能回收，但設計新機體時仍不能説有充分的資料，所以 GP 系列也和 RX-78-2、-3 一樣，用馬達扭力控制程式設定反應速度上限限制器，一般將輸出和反應速度抑制在非電磁塗層型 Field 馬達的上限值。機體試驗運用中機體搭載的電腦會視實驗設定值，逐步開放輸出和反應速度，量測、記錄並收集各驅動部位負荷的數據。在重力下步行時的平衡控制、在宇宙中控制姿勢時的四肢動作很重要，這個動作對軀體結構帶來很大的負荷，對於以比傳統機動作更順暢，無縫完成連續性舉動為目標的新世代機而言，更是一大課題。當初 GP 系列驅動相關的限制器系統程式，原本使用目的是減輕對測試機體的負荷，但這些數據解析的結果，也對開發流暢

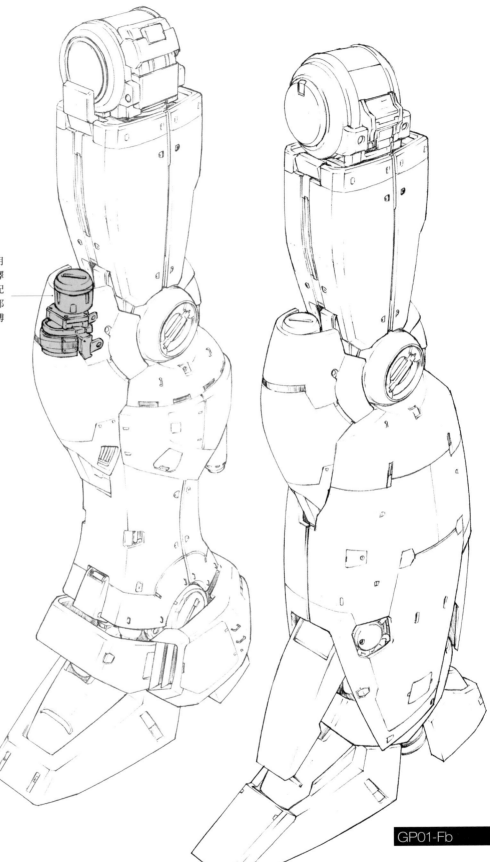

■膝內部空隙為選配接栓,測試運用
中搭載各種量測機器,不過也可選擇
輔助發電機套組,以供應架裝式選配
電源。此外,也有方案打算把這個部
位用來收納近距離導彈或刀狀的肉搏
戰兵裝等。

GP01

GP01-Fb

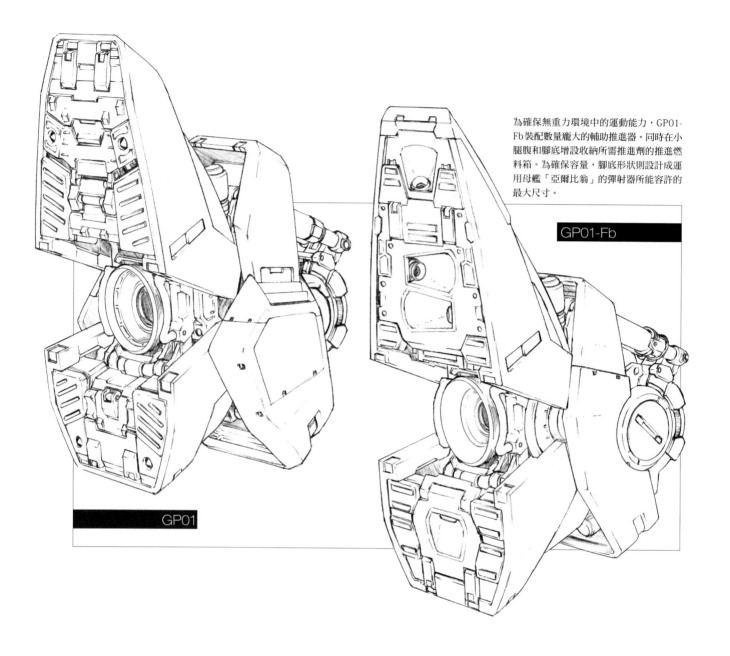

為確保無重力環境中的運動能力，GP01-Fb裝配數量龐大的輔助推進器。同時在小腿腹和腳底增設收納所需推進劑的推進燃料箱。為確保容量，腳底形狀則設計成運用母艦「亞爾比翁」的彈射器所能容許的最大尺寸。

GP01-Fb

GP01

的機體動作與控制所需的機體控制程式大有助益。此外GP系列還採用了限制器自動解除程式，也就是會隨著駕駛員的機體操作完熟度，逐步開放反應速度。當然駕駛員並不知道這個程式會在機體控制系統的後台運作，對駕駛員來說，只不過是覺得自己適應機體後兩者更為融合罷了。為了達到這種程度，這個程式也被設定會持續變更。

核心戰鬥機Ⅱ搭載的電腦負責統整MS的機體動作，除此之外，也強化個別處理四肢及感測器資訊的電腦，打造出超越「昆蟲神經節」的動作能力。但在試驗稼動

時，當四肢自律型輔助電腦確認無法連接主電腦控制資訊時，期間卻發現陷入暴走狀態的例子（可能是程式錯誤所造成）。在可以完全解決這個問題前，乾脆設定成無法連接主電腦時，即同時停止四肢自律型輔助電腦的功能。

為保護最複雜且大型的關節機構，也就是髖關節而設置的裝甲，則和傳統機一樣，先裝上領先追隨大腿部驅動的制動器作動式懸垂式裝甲。GP01的前裙甲做得特別短，這是為了方便由外部觀察髖關節驅動狀況的設計，因此只有實用裝甲一半的長度，還設置了收納驅動

GP01

GP01-Fb

■前裙甲
GP01的前裙甲中央有中空骨架狀結構體。內部除可內建量測機器等其他零件外,也可用來支撐、固定架裝式擴充零件。GP01-Fb則因為增設推進燃料箱,所以配置又長又大的前裙甲。

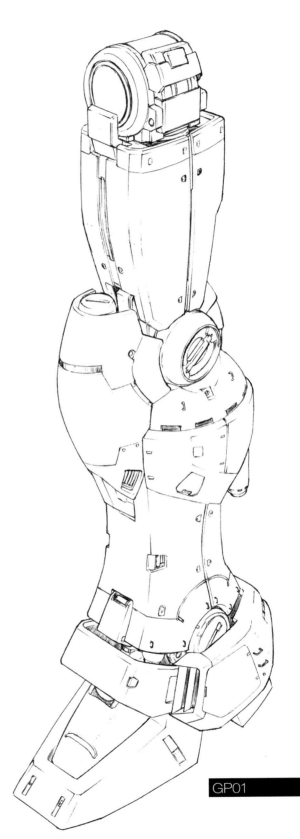

GP01

監控感測器的整流罩。之後Fb規格裝備的前裙甲則是成為標準的規格品。Fb前裙甲增加的容積,就用來供推進燃料箱使用。

側裙甲也一樣,上半部設置了感測器,用來監控、量測MS驅動中上肢(臂部)動作和胴體之間的間隙,還內建地上運用時髖關節部位的強制冷卻用實驗裝置,露出吸排氣百葉裝置。裙甲下半部則兼吸氣時的整流風道。後面裙甲較短,安裝了RGM型的裙甲,也內建驅動領域的監控感測器等;Fb規格則安裝滑動式可擴大保護區域的試作品。

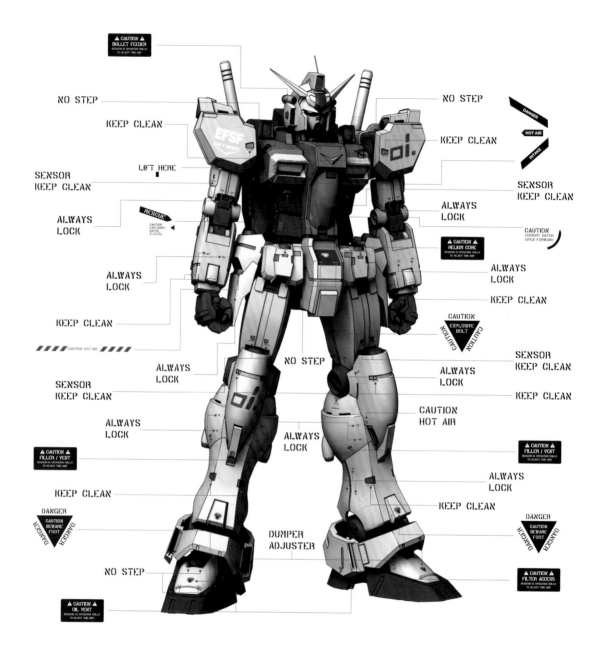

Caution and Modex

　　根據AE公司公開的資料，我們儘可能地復原了一開始在強襲揚陸艦「亞爾比翁」上運用的GP01與GP01-Fb當時的警告標示與標誌。

　　本機作為測試機，可能是為了提醒第一次接觸機體的機械人員注意，警告標示比一般運用的MS多，多到讓人覺得浮濫。出貨時會先貼上AE公司準備的警告標示，在「亞爾比翁」上運用時，也會由機械人員視需要隨時追加。

　　警告標示上使用的字體為傳統的模板印刷（利用剪成文字形狀的模板加以塗裝的印刷方式。為保持文字形狀，採用筆畫斷開的獨特字體），現在則是列印為貼紙後再貼上。

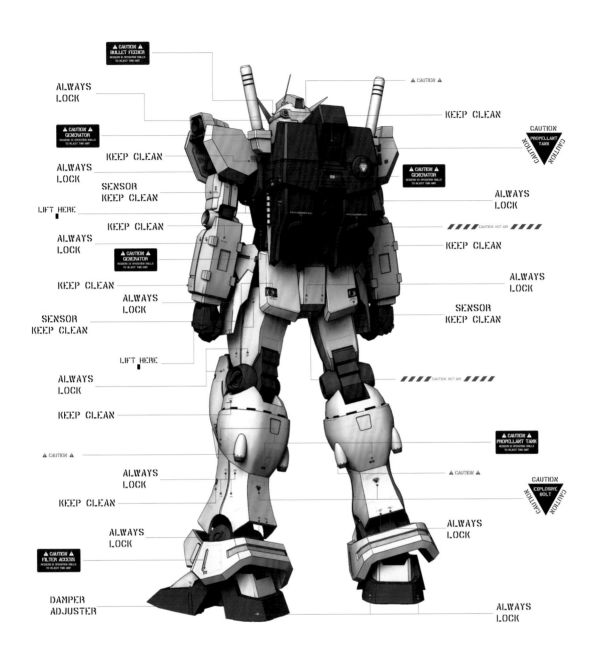

CAUTION
BULLET FEEDER

ALWAYS LOCK

CAUTION

KEEP CLEAN

CAUTION
GENERATOR

CAUTION
PROPELLANT
TANK

KEEP CLEAN

ALWAYS LOCK

SENSOR
KEEP CLEAN

CAUTION
GENERATOR

LIFT HERE

ALWAYS LOCK

KEEP CLEAN

ALWAYS LOCK

CAUTION HOT AIR

KEEP CLEAN

KEEP CLEAN

CAUTION
GENERATOR

ALWAYS LOCK

ALWAYS LOCK

SENSOR
KEEP CLEAN

SENSOR
KEEP CLEAN

LIFT HERE

ALWAYS LOCK

CAUTION HOT AIR

KEEP CLEAN

CAUTION

CAUTION
PROPELLANT TANK

CAUTION

ALWAYS LOCK

CAUTION

ALWAYS LOCK

CAUTION
EXPLOSIVE
BOLT

KEEP CLEAN

CAUTION
FILTER ACCESS

ALWAYS LOCK

DAMPER
ADJUSTER

ALWAYS LOCK

EFSF

Earth Federation Space Force
地球聯邦宇宙軍

聯邦軍徽章

U.N.T.SPACY

Unified Nuclear Team
Super Primal Aviation Construction Yard
超一等軍用機工廠統合核技術研究小組

GP01 Modex

U.N.T.SPACY

Unified Nuclear Team
Super Primal Aviation Construction Yard
超一等軍用機工廠統合核技術研究小組
（亞爾比翁所使用）

GP02 Modex

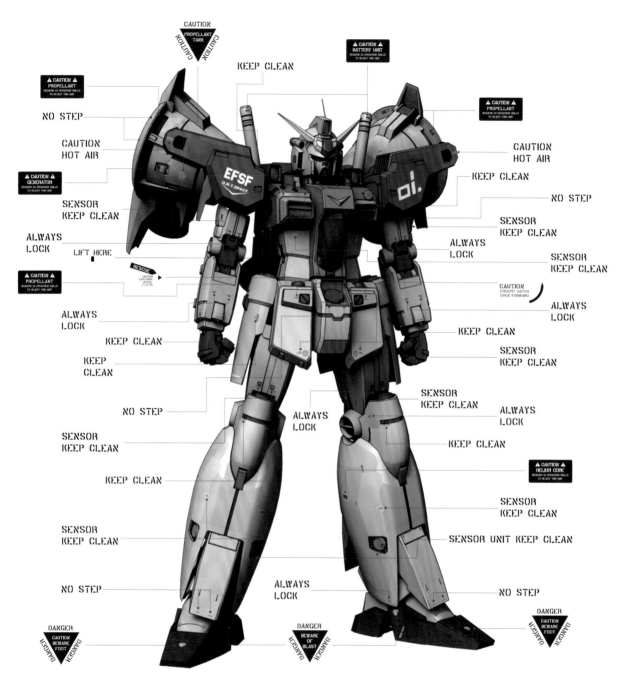

CAUTION PROPELLANT TANK

CAUTION BATTERY UNIT

KEEP CLEAN

CAUTION PROPELLANT

NO STEP

CAUTION HOT AIR

CAUTION GENERATOR

SENSOR KEEP CLEAN

ALWAYS LOCK

LIFT HERE

RESCUE

CAUTION PROPELLANT

ALWAYS LOCK

KEEP CLEAN

KEEP CLEAN

NO STEP

SENSOR KEEP CLEAN

KEEP CLEAN

SENSOR KEEP CLEAN

NO STEP

DANGER CAUTION BEWARE FOOT

EFSF U.N.T.SPACY

01.

CAUTION HOT AIR

KEEP CLEAN

NO STEP

SENSOR KEEP CLEAN

ALWAYS LOCK

SENSOR KEEP CLEAN

CAUTION COCKPIT HATCH OPEN FORWARD

ALWAYS LOCK

KEEP CLEAN

SENSOR KEEP CLEAN

SENSOR KEEP CLEAN

ALWAYS LOCK

KEEP CLEAN

CAUTION HELIUM CORE

SENSOR KEEP CLEAN

SENSOR UNIT KEEP CLEAN

ALWAYS LOCK

NO STEP

DANGER BEWARE OF BLAST

DANGER CAUTION BEWARE FOOT

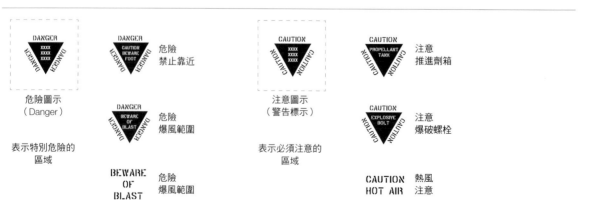

DANGER XXXX XXXX XXXX	DANGER CAUTION BEWARE FOOT 危險 禁止靠近	CAUTION XXXX XXXX XXXX
危險圖示 （Danger）		注意圖示 （警告標示）
表示特別危險的 區域	DANGER BEWARE OF BLAST 危險 爆風範圍	表示必須注意的 區域
	BEWARE OF BLAST 危險 爆風範圍	

CAUTION PROPELLANT TANK 注意 推進劑箱

CAUTION EXPLOSIVE BOLT 注意 爆破螺栓

CAUTION HOT AIR 熱風 注意

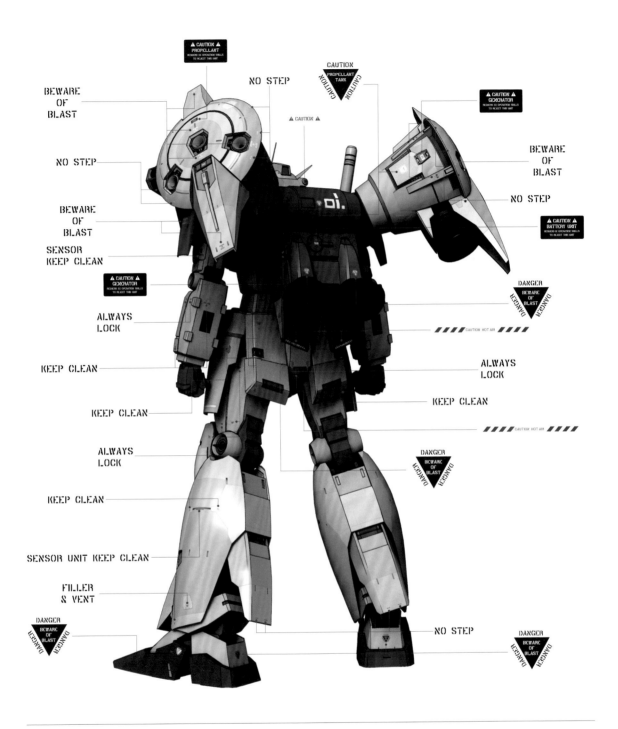

BEWARE
OF
BLAST

NO STEP

BEWARE
OF
BLAST

SENSOR
KEEP CLEAN

ALWAYS
LOCK

KEEP CLEAN

KEEP CLEAN

ALWAYS
LOCK

KEEP CLEAN

SENSOR UNIT KEEP CLEAN

FILLER
& VENT

DANGER
BEWARE
OF
BLAST
DANGER

CAUTION
PROPELLANT

NO STEP

CAUTION
PROPELLANT
TANK

CAUTION

CAUTION
GENERATOR

BEWARE
OF
BLAST

NO STEP

CAUTION
BATTERY UNIT

DANGER
BEWARE
OF
BLAST
DANGER

CAUTION HOT AIR

ALWAYS
LOCK

KEEP CLEAN

CAUTION HOT AIR

DANGER
BEWARE
OF
BLAST
DANGER

NO STEP

DANGER
BEWARE
OF
BLAST
DANGER

救援
逃生艙口
爆破注意
拉動把手２公尺
會觸發艙口爆破

NO STEP　禁止踩踏

KEEP CLEAN　保持乾淨

ALWAYS LOCK　保持上鎖

注意（技術警告）

電池套組
僅允許有資格者操作

發電機
僅允許有資格者操作

推進劑
僅允許有資格者操作

WEAPONS OF GP01

　　XBR-M-82A是專為GP01所開發的試作型光束步槍，當時採用了尚在開發階段的獨立式E-Pack彈匣。E-Pack彈匣的設計概念，便是把原本組裝在步槍本體的能量匣E-Cap改成獨立卡匣式，讓傳統必須仰賴機體充電的能量補充，變革為只需要更換E-Pack即可補充能量。這項改變使得一次戰鬥可射擊的子彈數量呈飛躍性增加，成為U.C.0080年代後期以降的主流方針。

　　槍身則具備小型光束軍刀發生器，可發揮Beam Jeter這種近距離格鬥兵器的功能，採用可夾住敵人的光束軍刀或熱軍刀等的設計。

　　這款武器當初是Blash公司開發的，但在被併入GP計畫的階段，就由開發鋼加農用XBR-M-79a光束步槍的Bauva公司接手。不只是試作1號機，試作3號機也可使用，相容性很高。隨著GP計畫被抹銷，這款武器也成為幻影般的存在，但相關技術則由成為AE公司MSN-00100標準裝備的BR-M-87光束步槍承襲下來。

BOWA·XBR-M-82A BEAM RIFLE
RBR-M-82A 光束步槍

開發：Bauva公司
全長：11.62m（推估）
輸出：1.5Mw
裝彈數：1個彈匣12發

開發：Holyfield Factory Weapons公司
全長：7.34m
口徑：90mm
裝彈數：20發
地上有效射程距離：5300m

HFW-GMG·MG79-90mm GM MACHINEGUN
MG79-90mm 吉姆機槍

　　HFW-GMG MG79-90mm吉姆機槍是一年戰爭時對MS戰鬥用的主力機槍之一。根據系統武器的構想，重組零件後也可當成吉姆步槍或長步槍使用，其威力可輕易貫穿超硬鋼合金或鈦陶瓷複合材質程度的裝甲。特林頓基地襲擊事件時鋼彈試作1號機就使用了同基地的吉姆機槍。

TOTO KANINNGAM·ASG81-B8S 60mm VULCAN
ASG81-B8S 60mm火神砲

改良供鋼彈試作1號機使用的60毫米火神砲。砲身由傳統的頭部套件一體式變更為U字夾的型式，提升維修和裝彈性能。鋼彈試作2號機也採用這種型式，這可說是之後的火神噴射箱方式的雛型。

此外還採用改良無彈殼火神砲（Cartless Vulcan）的型式，目標是開發出可貫穿MS使用的月神二製鈦合金裝甲的威力。

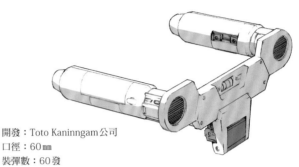

開發：Toto Kaninngam公司
口徑：60㎜
裝彈數：60發
地上有效射程距離：3500m

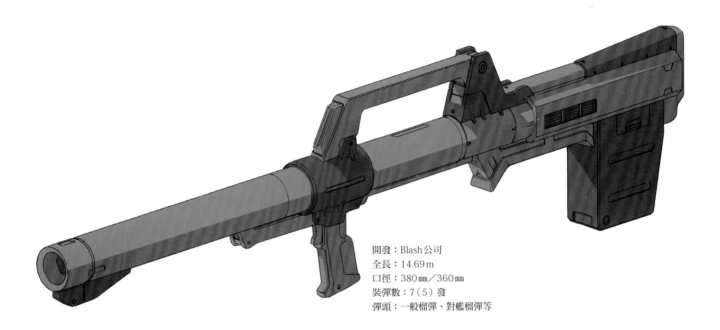

開發：Blash公司
全長：14.69m
口徑：380㎜／360㎜
裝彈數：7（5）發
彈頭：一般榴彈、對艦榴彈等

BLASH·HB-L-07／N-STD HYPER BAZOOKA
HB-L-07／N-STD超級火箭砲

超級火箭砲是Blash公司開發的火箭兵器平台，作為MS專用的多目的火力支援兵器。主要用於破壞戰鬥速度較慢的宇宙戰艦或人工衛星、陸上戰艦、碉堡、建造物等。雖然很少用於和MS對戰，但也開發出散彈等配備，有時也會作為分隊支援火器之一，用來「迷惑」感測器。

Blash公司的超級火箭砲系列利用彈筒包裝各種砲彈，因此不受砲彈直徑大小限制，最大可運用到多種380毫米的砲彈。只要事先設定規格，就可以直接加裝已生產的彈頭，強化武裝本體的性能。即使在一年戰爭結束後，仍持續為超級火箭筒升級，例入輕量化和改善命中精度等，同時也徹底改版，將彈匣改為密閉式，避免發生異物入侵導致卡彈等問題。由於GP01的FCS和機體控制可達到更為精細的程度，即使攜帶相同的武裝，平均命中率也比其他MS提高二成左右。

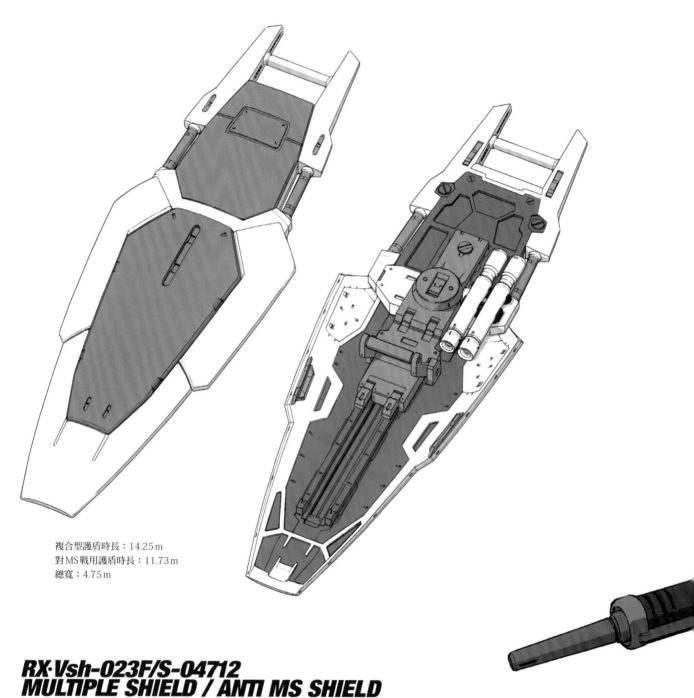

複合型護盾時長：14.25 m
對 MS 戰用護盾時長：11.73 m
總寬：4.75 m

RX·Vsh-023F/S-04712
MULTIPLE SHIELD / ANTI MS SHIELD
Vsh-023F/S-04712
複合型護盾兼對 MS 戰用護盾

　這是以 RX-79 計畫開發的複合型護盾和對 MS 戰用護盾為基礎，所開發的對 MS 戰用試作護盾。使用月神二製鈦合金製成堅固的護盾，表面經耐光束塗層處理。

　短模式中，護盾主體的下部主鑲板考慮到被彈擊的可能，因此採用曲面設計。護盾盤面本身也是月神二製鈦合金的傾斜複合材質，強度十足；再加上蜂巢結構的設計，可透過內部結構，反射滲透進來的光束步槍和光束軍刀的光束能量，再經過擴散後使能量衰減。護盾盤面中央附近則再增加一層結構體，形成複合結構，強化耐貫通的性能。

　背面則可攜帶 2 個當時的最尖端技術，也是試驗性採用的 E-Pack 彈匣。

BLASH·XB-G-06/Du.02 BEAM GUN / SABER

XB-G-06／Du.02光束槍兼光束軍刀

　　核心區塊系統的輔助發電機，由Takim NC-11型直接供應能量的近距離戰鬥用高能量兵器。在內部充電的能量形成米洛夫斯基粒子的光束刀刃。技術本身已在一年戰爭時實用化，但除此之外還放入小型化的光束步槍驅動部，所以也具備將電漿化米洛夫斯基粒子作為光束彈發射的光束槍功能。在單獨運用「核心戰鬥機Ⅱ」時，光束槍也是固定武裝之一。

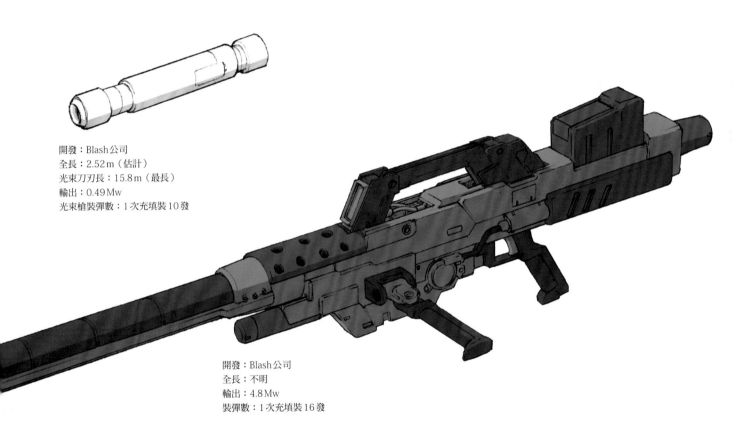

開發：Blash公司
全長：2.52m（估計）
光束刀刃長：15.8m（最長）
輸出：0.49Mw
光束槍裝彈數：1次充填裝10發

開發：Blash公司
全長：不明
輸出：4.8Mw
裝彈數：1次充填裝16發

BLASH·XBR-L-83d LONG BEAM RIFLE

XBR-L-83d長程光束步槍

　　XBR-L-83d長程光束步槍是Blash公司開發的光束步槍，在當時是射程最長、火力最大的MS用光束兵器。

　　這把長程光束步槍原本是調整為鋼彈試作3號機所使用，但因試作1號機調整為全方位推進型，為驗證相容性，便緊急被運送到「亞爾比翁」上，編入運用試驗項目內。然而因配對不佳，無法確保瞄準精準度，因此自母艦「亞爾比翁」挪用主砲的水平尾翼，而後才投入實戰中。結果卻因為威力太強引發能量堵塞，實機因此遺失。

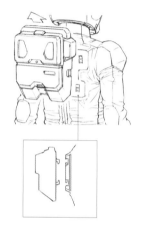

■駕駛員標準服的背包中，內建維持生命所需的各種液體儲存槽，如氧氣瓶、標準服內熱交換所需的循環液等。儲存槽的補充原則上採卡匣式，但為方便緊急時更容易補充，也設有注入液體所需的插座。至於攸關人命的宇宙用裝備插頭和插座類，在宇宙世紀以前國際法就已制定共通規格，就算是吉翁公國軍設施內的設備也可使用，沒有任何問題。

■駕駛員標準服

　　駕駛員標準服不同於航空機用的抗荷服（G Suit）和耐壓服，也不同於一般士兵用的標準服等，是內建高規格血流調整功能和體溫調整機構的高價產品。原則上會配合駕駛員的體格，採半訂製的方式製作。但一年戰爭後便開放授權生產，再加上生產設備日趨完善，製造成本也較以前更為便宜。過去地上用和宇宙用標準服是分開設計與生產，但即使在地面使用，對駕駛員來說還是內建體溫調整機制能夠提供舒適的操縱環境，因此標準服後來就變成通用型，只要將背包換裝成簡便型熱交換器即可。

　　U.C.0083年左右，AE公司的關係企業就已經開始生產駕駛員標準服，不久後隨著全景球型駕駛艙普及，也持續針對標準服加以改良。由於標準服在縫製時多多少少還是必須借助人工，會因生產工廠和職人不同，導致平常的穿著舒適度會與處於高重力負荷環境下的感覺產生落差，因此測試駕駛員穿著的標準服，會由專用工廠

■頭罩外裝零件的形狀會因生產地
和廠商而異，但必須遵照聯邦軍內
規定的規格生產，所以也有駕駛員
個人或部隊換成自己喜歡的設計。
一年戰爭後只要遵守一定的方針即
可自行設計，測試駕駛員還擁有相
當程度可自行決定設計的特權。

和職人負責縫製。外觀看起來完全無法判別差異，但能分配到這種「特別版」標準服的駕駛員都會非常愛惜使用。如果因為換單位而必須改變制服顏色時，駕駛員會提出申請，將標準服送回工廠更換表面布料和維修。對軍方來說，這種做法也比準備全新服裝更便宜，所以也認可這種制度。

標準服後方的背包則與駕駛座連結，可替代傳統的安全帶，所以需要固定大小而不是規格，也因此

限制氧氣瓶的容量必須固定一致。氧氣瓶內填充純氧，透過調節器對循環空氣調整成合宜的氧氣分壓，再送回標準服內（同時也會排除吐氣內含的二氧化碳）。內建的氧氣瓶可供體重60公斤的人在安靜狀態下維持3小時活動。駕駛艙內的空氣可經由連接背包的連接器供應，因此在駕駛艙活動時並不會消耗氧氣瓶內的氧氣。此外，也可以更換氧氣瓶，或是透過調節器連接外部的空氣供應器，延長活動時間。

GP01-Fb
Technical
Verification
At Moon

包含 MS 在內，對於宇宙空間機動兵器而言，變換軌道並不容易。即使看起來似乎處於靜止狀態，但仍和繞地衛星一樣受慣性原理影響。RX-78GP01「傑菲蘭沙斯」的空間戰鬥規格、RX-78GP1-Fb「傑菲蘭沙斯·全方位推進型」正是為因應如此巨大的束縛而特別設計，以求面對敵方 MS 時得以占上風。

在當時，光束兵器逐漸成為主流，自然也就愈來愈重視機體能夠瞬間產生巨大推進力，並快速變換行進方向的能力。MS原本就是在軌道上運用的兵器，擁有極高的空間戰鬥能力，但是一年戰爭初期負責執行殖民地落下作戰的MS-06「薩克II」等機型，往往追求可以精密執行空間作業的能力，所以其機動性完全無法與現在的MS相比。這是因為「全方位推進型」的核心戰鬥機II其背包的宇宙噴射箱，能夠在所有方向產生將近9G的推進力，這也是駕駛員肉體所能承受的極限。不追求長而緩慢，而是追求短且快速的噴射，這使得機體可以在極短時間內改變行進方向，在被敵機瞄準時得以有效迴避攻擊。

MS和MA個別的機動特性，是根據機體的質量、搭載的推進燃料量，以及推進器噴射能力的平衡等決定，但在以駕駛員為非強化人的一般人為前提而開發的機體當中，GP01-Fb擁有MS開發史上最高水準的性能。這種高水準性能是透過高機動性取得優勢，足以對抗舊吉翁公國軍製MA。

■在金平島周邊領域和試作2號機交戰後，試作1號機「全方位推進型」陷入必須緊急脫逃的窘境。駕駛員浦木中尉曾試著強制排除核心區塊，但因戰鬥造成電氣系統損壞或骨架變形等物理損壞積累，造成脫逃機構無法正常動作，結果駕駛員生還而機體卻毀損。

■隨著推進燃料消耗，推進力重量比會愈來愈高。也就是說在「燃料耗盡」前的瞬間，駕駛員可以加速到令自己暫時失去知覺、甚至不省人事的程度。

■宇宙噴射箱本身也具備可稱為「第３肢」的質量。由於
自在可動，也可用於AMBAC機動，快速控制姿勢。

FF-XII CORE FIGHTER Ⅱ
核心戰鬥機 Ⅱ

■胴體下方配備增槽的「核心戰鬥機Ⅱ」。一般本機在大氣圈內不需要燃料，在非洲道蹤行中試著進行高空搜索，同時收集空氣力學數據，進行機動試驗。

　　GP01採用的FF-XII「核心戰鬥機Ⅱ」雖然承襲一年戰爭時，聯邦軍V作戰所建造的試作MS群採用的核心區塊系統，但是採用的來龍去脈卻大為不同。關於RX系列為何採用該系統至今仍眾說紛云，但最有力的說法就是主要目的為提升駕駛員存活率及回收戰鬥數據。從結果來看，這種說法雖然說服力稍嫌薄弱，但開戰前其實也不可能未卜先知，事先預知會碰上有限的目視範圍戰鬥等未知狀況，所以後世的人也很難說三道四。但最後因成本及機體強度問題，量產機RGM-79系列機種並未搭載該系統。由此也明顯看出核心區塊系統要重獲青睞，必須有新價值才行。

　　就如同本書其他節的說明，GP計畫要求核心戰鬥機套件必須成為GP01機體本身所有的擴充性之一環。機體後半部與MS背包一體化的構想，更因追加推進器套件，達到可適應大氣圈外環境的程度。雖然必須大幅變更MS軀體，特別是臂部驅動系統，即便如此也是應該採用的重要系統。就和飛馬級母艦合作的角度來看，也是不可或缺的要素之一。

　　核心戰鬥機開發的背後，或許也隱含被AE公司合併的哈比克公司的盤算。試著分析FF-XII的結構，即可窺見哈比克公司對此機體的想法。

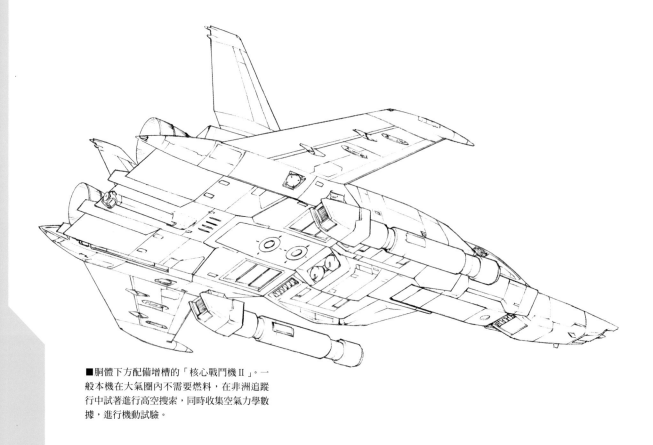

■胴體下方配備增槽的「核心戰鬥機II」。一般本機在大氣圈內不需要燃料，在非洲追蹤行中試著進行高空搜索，同時收集空氣力學數據，進行機動試驗。

因搭載的系統差異，可想而知FF-XII存在各式變型。當然，其中也有一些在簡報資料的概念或構思階段即被中止，最終未製造出實機的變化型。本節將針對最基本的大氣圈內規格，亦即所謂的「一般媒介」（Pollinator Common）機體加以說明。

本機為因變形系統得以發揮MS核心區塊功能的航空機，機體由三大區塊組成，分成機首、胴體及引擎。一年戰爭時的RX系列機體，內藏的核子融合爐所產生的能量幾乎全用於驅動機體，但是FF-XII則採用引擎部分露出機外形成MS背包，且MS的機動力直接活用航空機推進器的形式。完全改造引擎部分此一作法，也蘊含著大幅變更航空機及MS機動性的可能性。

機首區塊於先端雷達罩內部內建雷達、感測器與主電腦，連接的駕駛艙區塊則收納生命維持相關裝置、資料庫與前腳。中央胴體的主體則為左右包夾駕駛艙區塊的側面平台，內建主發電機，由此產生驅動MS的能量。A、B零件分別由上下方夾住胴體，胴體備有合體時的鎖定機構及動力供應電子連接器，航空機形態時上面覆蓋外蓋。機體上方覆蓋光滑外裝，形成略帶曲面的舉升體。

由於結構關係，舉升體下方很難安裝外蓋，再加上沒必要考慮機體下方的空

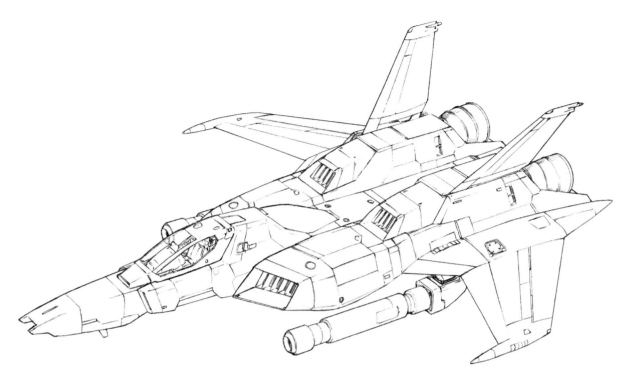

FF-XII CORE FIGHTER II
FF-XII〈核心戰鬥機Ⅱ〉

FF-XII的主翼採用前進翼。具備前緣縫隙及襟副翼，翼下硬點各有2處單翼。不以空中換裝為前提，所以會懸掛空對空導彈等選配兵裝出擊。

氣流速度，所以結構體幾乎全部外露。但為了避免結構凹凸造成空氣流剝離，因此設計上使空氣流過下部前方縫隙，藉此控制邊界層。

引擎區塊搭載推進用複合循環型熱核噴射引擎／火箭引擎，另外還有主翼和一對垂直尾翼，在航空機形態時可作為光束槍使用的光束軍刀插座。值得注意的是主翼採用可在大氣圈內發揮高機動性的前進翼。

原本這種形狀接近箱形的航空機，就空氣力學的角度而言效果並不佳。如果是可以空氣作為推進劑的熱核噴射引擎，採用噴嘴偏向補正機動性似乎還比較有效率，更別提不論是主翼還是垂直尾翼，由於變形所需而有收納空間限制，必要面積原本就不足。不僅如此，為變形而設置的鉸鏈也必須單獨支撐主翼承受的巨大負荷。綜合上述因素，實在看不出採用前進翼的優點何在。

即便缺點這麼多，似乎仍是有必須採用前進翼的關鍵原因。不得不將主翼設置在機體重心後方的結構自然是原因之一，但一份非官方的報告指出有意思的一點：當機體以超音速飛行時，前進翼會產生未知的空氣力學特性。細節雖不清楚，估計應是機體各部位發生的衝擊波，在速度超過4馬赫時會產生類似壓縮升力（Compression Lift）的效果，可產生和主翼面擴大時相同的揚力。

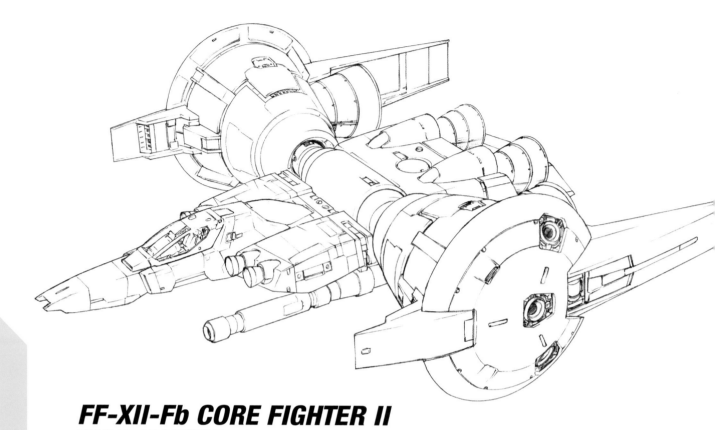

FF-XII-Fb CORE FIGHTER II

FF-XII-Fb〈核心戰鬥機II-Fb〉

紀錄也證實雖然模件（規格等級調整）整合，但仍存在多種不同外觀的核心戰鬥機。這些應該是按各模組（機能集合體）提升性能的目的，組合並行試作零件的變化版。

　　總之，FF-XII不是只求發揮逃脫裝置功能、可執行相當於戰鬥航空機的戰鬥任務即可這種程度的機體，而是可以看出哈比克公司野心的積極設計。因為在一年戰爭時期，尚無法讓所有聯邦軍製MS採用核心區塊系統，因此FF-XII的機體設計或多或少也隱含著哈比克公司想雪恥的意志。就算是像GP01的MS量產並制式採用核心區塊系統，哈比克公司也不可能收到足以一吐怨氣的大量訂單，因此我們可以合理懷疑該公司被AE公司合併後仍抱有其他企圖。這個企圖也就是一年戰爭以前該公司即投入開發，打算取代聯邦軍採用的戰鬥機FF-6「聽鱈殲擊機」（TIN Cod）或

FF-S3「劍魚」（Sabre Fish）等機種的次世代機，甚至相關的技術證明。

　　無論如何，作為MS支援套組且擁有獨立戰鬥能力的核心戰鬥機，此設計概念終於在強襲登陸艦「亞爾比翁」的巡邏行動中獲得證明。就航艦全體作戰行動來看，MS戰鬥不過是其中一部分，核心戰鬥機的存在可隱藏MS無法在大氣圈內自由飛行的「缺點」，有助於大幅拓展航艦的「眼界」。此外，運用RX系列時發現的效果，也經由GP計畫得到進一步的印證，之後AE公司生產的MSZ-010「鋼彈ZZ」等MS，也確實繼承這些效果。

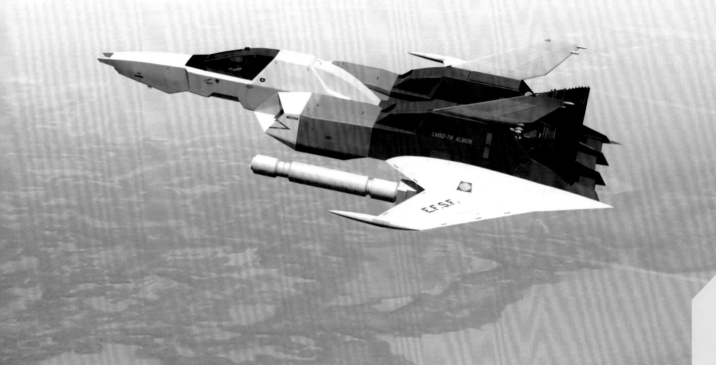

■作為本機的新式裝備而搭載的XB-G-06/Du.02光束槍兼光束軍刀，在GP01開始試驗的當下並無充分的生產量，因此執行評估測試以外的任務時，也不乏裝備傳統型光束軍刀參加的例子。

■FF-XII〈核心戰鬥機II〉
在MS戰的前一階段、平時或母艦巡邏行動時，也要能作為聯絡機和巡邏機使用。只要實現此一要求，就能成為在母艦上搭載多台機體以為預備機的正當理由。因此被AE公司合併的原哈比克公司在GP01的設計階段時，無論在規格等級、容量、重量等均受到限制，本機正是在此嚴格條件下不斷摸索規格。

AMPHIBIOUS ASSAULT SHIP
ALBIC

強襲登陸艦〈亞爾比翁〉

　　MSC-07／LMSD-78「亞爾比翁」是飛馬級強襲登陸艦7號艦，建於一年戰爭後，是U.C.0083年當時最新銳艦艇之一。

　　本艦外觀上的特徵和現有飛馬級艦艇一樣，承襲連結區塊的結構設計。中央艦體前方左右為MS用甲板及彈射器甲板，後方左右為引擎區塊，這種基本結構和第一代白色基地級1號艦SCV-70「白色基地」並無二樣。由亞納海姆電子企業承造，歸聯邦宇宙軍使用。這艘強襲登陸艦在軌道上對太空殖民地及艦艇實施臨檢，且不須追加推進器等裝備，即可實現往返地球的目標。

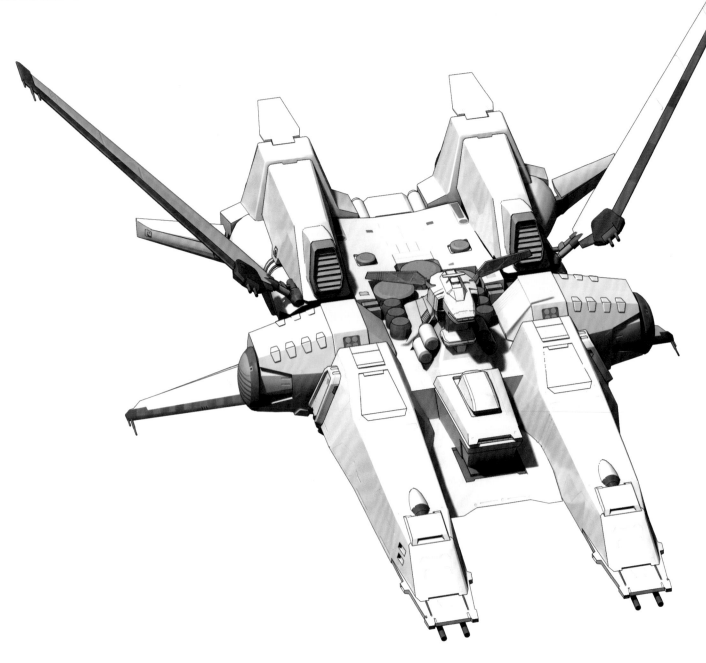

亞爾比翁概要

隨著一年戰爭終結，船艦製造商陷入現有訂單必然銳減覺悟的處境。AE公司MS部門雖然試著走出不同於其他主力MS製造商的道路，但同時也必須為戰時已啟動的宇宙用船艦建造部門制定生存策略。U.C.0080年中成形的鋼彈開發計畫，當下當然以和舊公國軍餘黨進行MS戰，亦即小規模MS戰鬥為主要任務，顯而易見地必須有最佳的運用母艦。聯邦軍以運用MS為前提的艦艇只有白色基地級（飛馬級）艦艇，因此尋求儘早配備同級或此發展型艦艇。

但是雷比爾將軍陣亡後，當時的聯邦宇宙軍可說因派系鬥爭導致組織方向性混亂。傳統保守派雖認同戰場主體已轉移到MS身上，但不重視運用MS的專用艦艇，

認為組合一年戰爭時暫用的原有艦艇即已足夠；甚至還有人真心以為只要重拾宇宙艦隊雄風，就能對公國餘黨產生抑制力。

即使如此，經由AE公司的簡報與政治遊說活動，再加上以高文中將為首的革新派大力提倡，議會通過了多個與飛馬級相關的計畫，花了2年的歲月，終於完成「亞爾比翁」並前進宇宙。而七號艦的編號可說是集合艦級混亂的白色基地級和飛馬級艦艇的結果。亞爾比翁為戰後第一艘建造完成的同級艦艇，一年戰爭中各船艦所取得的運用數據，也反映在各部位的設計上。原本此艦就是由AE公司獨自設計，之前的聯邦艦艇工廠也不會向AE公司公開所有設計資料。

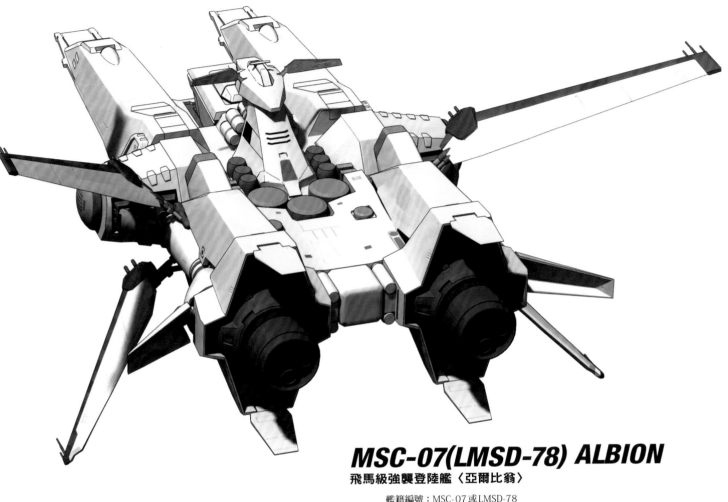

MSC-07(LMSD-78) ALBION
飛馬級強襲登陸艦〈亞爾比翁〉

艦籍編號：MSC-07或LMSD-78
艦級：飛馬級
總高：82m　　　　重量：48,900t
全長：305m　　　　乘客人數：211名
總寬：210m　　　　搭載數：MS×6機（平時）

　　艦艇服役經慣熟航行後，在月面馮・布朗市近郊的AE公司工廠接收GP01及GP02A，於U.C.0083年10月落降至地球。原預定靠港澳洲特林頓基地交付MS後，協助GP系列的部分地上測試計畫，並進行艦艇及MS在地上運用與作戰訓練。但是同月13日因GP02A被舊公國軍餘黨迪拉茲艦隊所屬士官奪走，臨危受命追擊而搭載GP01後出港。當時的艦載部隊是該基地的測試飛行員小隊。

　　為了搶回GP02A而追上宇宙的亞爾比翁就這樣捲入迪拉茲紛爭中。為了阻止迪拉茲艦隊殖民地落下相關的「星塵作戰」，違反軍令，結果艦長埃帕・席納普斯上校在軍事法庭上判處死刑。艦長是高文中將的人馬，中將因此紛爭失勢遭拘禁，艦長也失去庇護，成為聯邦軍內部勢力鬥

爭下的代罪羔羊。聽説將艦長送上法庭的罪狀有許多條，其中包含在觀艦式上損失多艘船艦的直接原因，也就是GP02A及核彈頭被搶走的責任。

　　亞爾比翁經此紛爭後受到嚴重打擊，已知其被拖到AE公司工廠殖民地修復後，重新在宇宙軍服役，之後不知為何就音訊杳然。不過也有可能和長期隱瞞GP系列的存在一樣，特意隱藏亞爾比翁的存在。也有一種説法指出這艘艦艇被改變艦籍編號和艦名，註冊成為完全不同的艦艇。也有傳聞指出亞爾比翁被分派到在與月球相反的軌道，也就是聯邦軍的據點月神二號守備隊，之後再未出現於歷史舞臺上。

STRUCTURE AND SYSTEM OF ALBION

〈亞爾比翁〉的結構與系統

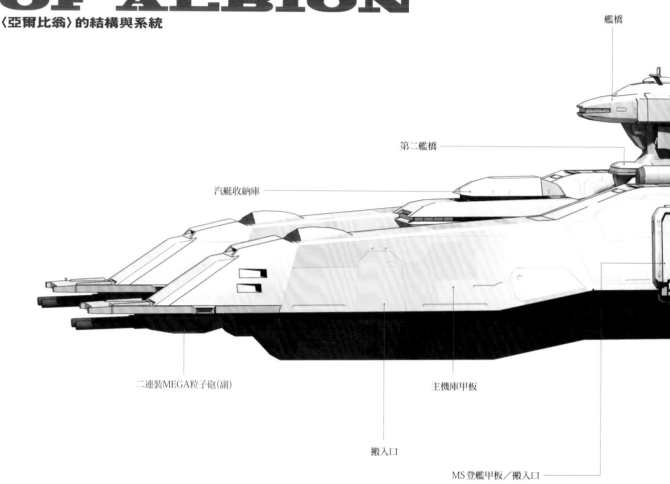

艦橋

第二艦橋

汽艇收納庫

二連裝MEGA粒子砲(副)

主機庫甲板

搬入口

MS登艦甲板／搬入口

主機庫甲板

　　與現有飛馬級戰艦同採箱型主機庫甲板，但和「白色基地」等不同，將彈射器和MS整備甲板在前後明確做出分割，讓平常航行時的甲板內加壓更有效率。此前後結構有高低差，前方低一階，後部上面有可彈射MS及艦載機的艙口。因此前臂擁有4個發射口，提升遭功擊受損時的結構贅餘性。

　　上面艙口打開後即可擴展折疊收納的彈射器，前方彈射器由前到後依序為1-2號，後部上面甲板的彈射器則為3-4號，也是一般MS使用的彈射器。不由前方彈射，而用電梯送至艦艇上面的方式縮短了MS的發射循環。在艦橋即可目視確認放在3-4號彈射器的MS，讓艦橋機組人員更容易掌握MS狀態及發射狀況。

　　MS可由前方、彈射器甲板中央，以及MS甲板後端側面共6處歸艦，拴好後收納於MS甲板。雖然也可從前方艙口歸艦，但此處通常為艦載機所用。MS發射艙口、彈射器及歸艦口分別為不同系統，所以戰鬥時能有效率地再出擊，機體回收作業也更有效率。之後格里普斯戰役以後完工服役的艦艇，也有相同的特徵及機構。

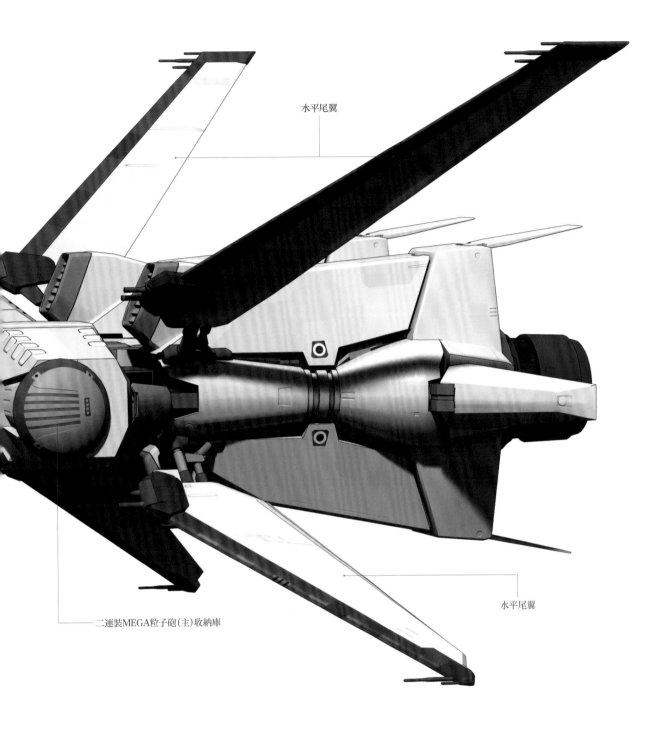

水平尾翼

水平尾翼

二連裝MEGA粒子砲（主）收納庫

中央艦體／艦橋

　艦橋是戰鬥航宙指揮所，位於中央區上部，配置雖然和白色基地級艦艇相同，但艦橋容積縮小。艦橋有天篷式螢幕系統，並有２個操作員座位。這種特異的方式雖是承襲白色基地級艦艇，但也是在有限空間內有效配置巨大顯示幕的結果，艦長座位也在艦橋中央可以一覽螢幕及前景的位置上。

　中央船體為飛馬級艦艇在防禦面上的重要區域，熱核反應爐和米洛夫斯基太空船引擎等動力源就位於中央艦

體下方。這種裝備讓本艦可保持一定的離地高度，以任意速度航行。

　中央艦體旁邊突出的部分為居住區，上下方各有單舷８門對空機槍座，平常收納於艦體內。突出的前端部分則為MEGA粒子砲的收納空間。

　至於配置在艦橋後方用來控制姿勢等的水平尾翼，共有２對４支，傳統飛馬級艦艇只有配置２支。這些尾翼也是可變翼。

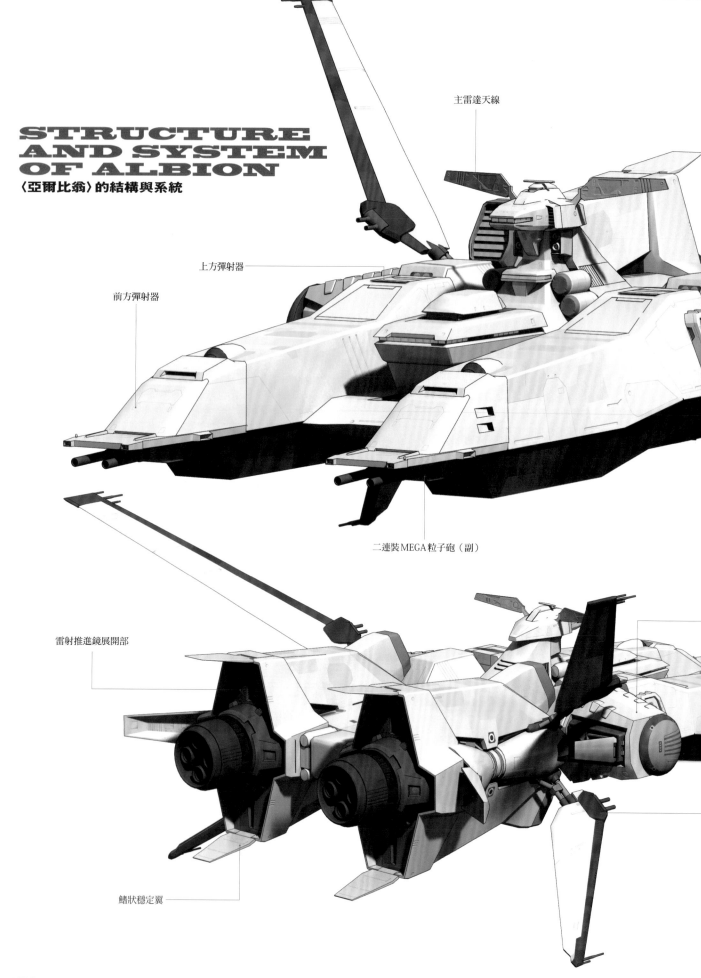

STRUCTURE
AND SYSTEM
OF ALBION
〈亞爾比翁〉的結構與系統

主雷達天線

上方彈射器

前方彈射器

二連裝MEGA粒子砲（副）

雷射推進鏡展開部

鰭狀穩定翼

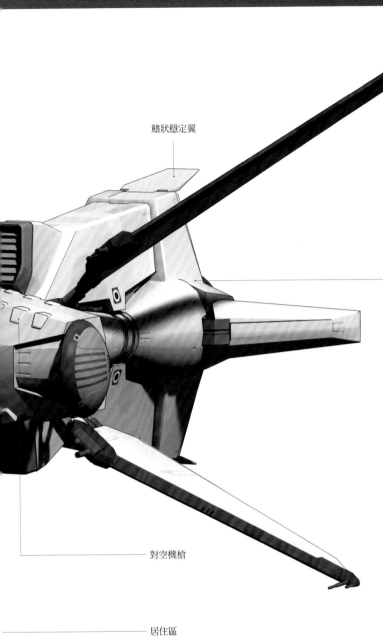

鰭狀穩定翼

對空機槍

居住區

二連裝MEGA粒子砲（主）收納庫

二連裝雷射砲（對地）

引擎區塊

中央船體後方左右聯結收納主推進器的引擎區塊，主要用來產生向前的推進力。本艦搭載五連裝熱核噴射／火箭兼用引擎系統，推進力勝過現有的飛馬級艦艇。

引擎區塊後端設有3對6支鰭狀穩定翼，環繞著引擎噴嘴。這是為了應用米洛夫斯基物理學，讓引擎推進力偏向的鰭狀穩定翼。而且因為是熱核噴射兼用引擎，套組下前方還有進氣口。這種空氣誘導流入機構也一樣應用了米洛夫斯基物理學，在大氣圈內應該是以空氣為推進燃料，而在軌道上則以水（H_2O）為推進燃料。

除此之外，本艦也是第一艘裝設雷射推進用受光鏡的聯邦軍艦艇。這個系統除了利用主引擎產生推進力外，還可接收外部振動器照射的雷射光來加熱推進劑，再用於加速。U.C.0083年11月4日從月球馮·布朗市出發時，就有市民目擊到本艦使用本系統。

搭載兵器

武裝面也更為強化，特別是對空兵裝，從過去使用實彈的機關砲變更為雷射機槍。

主砲有二連裝MEGA粒子砲2門，副砲則有二連裝MEGA粒子砲2門，除此之外，對空機槍座配置二連裝雷射砲18座（對空14座、對地4座），還有大型導彈發射管4座。主砲擁有遠程攻擊敵艦能力，但因本艦攻擊力主要由MS負責，砲戰的定位不過是MS的支援。話雖如此也不是完全不需要艦砲，U.C.0083年11月上旬在索羅門海域隆加海面，就和舊公國軍契貝級船艦發生砲戰。

■「亞爾比翁」在迪拉茲紛爭後，也未參與聯邦宇宙軍定期舉行的觀艦式。它被視為特務艦，至今仍未公開其存在。

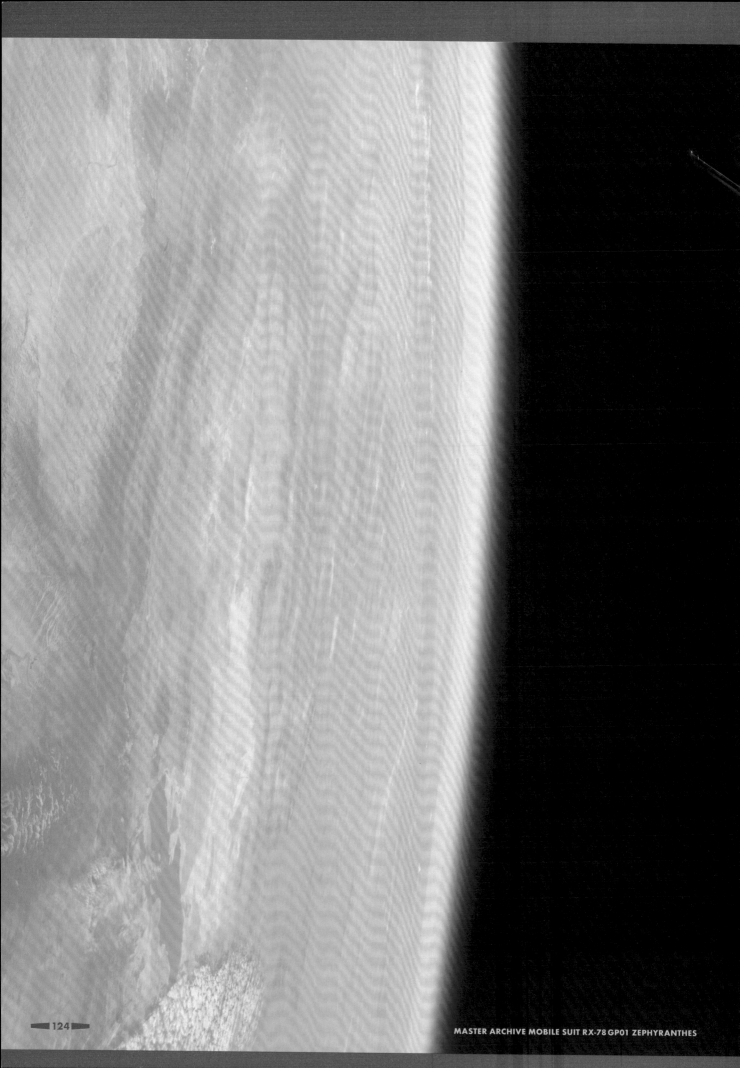

Kyoshi Takigawa
瀧川虚至
Mechanical Illustrations; GP01(Fb), GP02, GP03 'Stamen', GP04,
Core Fighter II(Fb) etc.

Shirayuki
しらゆき
Mechanical Illustrations; RMS-106, MA-06, Orchis, AGX-04,
Core Block System(p.63), Weapons(expect Long Beam-Rifle), Pilot Suit

Akira Nakajima
ナカジマアキラ
CG Modeling; GP01(Fb)

Yutaka Gotou
後藤ユタカ
CG Modeling; ALBION

Gen Osato
大里 元
Text; p070-087
CG Modeling; Core Fighter II

Kiyonori Kawatsu
河津潔範
CG Finishing Work; UV Mapping & Painting

Shinichi Hagihara(number4 graphics)
ハギハラシンイチ
CG Modeling Direction & Finishing Work
Caution & Marking Design

Chihiro Owaki
大脇千尋
Text; p004-069 & Captions

Agito Makishima
巻島顎人
Text; p092-095

Kazahana
風花
Concept Work
Text; p114-121
Modelings; GP02A, GP03 'Dendrobium'

Yukimasa Shijyo
志条ユキマサ
Painting Work of Illustrations

Kuu Hashimura
橋村 空
Text; p090-091, p096-113

MASTER ARCHIVE MOBILE SUIT RX-78GP01 ZEPHYRANTHES

STAFF

Mechanical Illustrations
瀧川虚至　　　　Kyoshi Takigawa
しらゆき　　　　Shirayuki

Writers
大脇千尋　　　　Chihiro Owaki
大里 元　　　　 Gen Osato
巻島顎人　　　　Agito Makishima
風花　　　　　　Kazahana
橋村 空　　　　 Kuu Hashimura

3D CG Modeling Works
ナカジマアキラ　Akira Nakajima
後藤ユタカ　　　Yutaka Gotou
大里 元　　　　 Gen Osato
河津潔範　　　　Kiyonori Kawatsu

Modeling Works
風花　　　　　　Kazahana

3D CG Direction
ハギハラシンイチ　Shinichi Hagihara(number4 graphics)

SFX Works
GA Graphic編集部　GA Graphic

Cover & Design Works
ハギハラシンイチ　Shinichi Hagihara(number4 graphics)
河津潔範　　　　Kiyonori Kawatsu

Editors
佐藤 元　　　　 Hajime Sato
村上 元　　　　 Hajime Murakami

Adviser
巻島顎人　　　　Agito Makishima

Special Thanks
株式会社サンライズ　SUNRISE Inc.

※背景寫真提供
sammy　　　　　sammy
佐藤 充　　　　 Mitsuru Sato

※圖版彩色協力
志条ユキマサ　　Yukimasa Shijyo

機動戰士終極檔案 RX-78GP01 傑菲蘭沙斯

出版	楓樹林出版事業有限公司
地址	新北市板橋區信義路 163 巷 3 號 10 樓
郵政劃撥	19907596 楓書坊文化出版社
網址	www.maplebook.com.tw
電話	02-2957-6096
傳真	02-2957-6435
翻譯	李貞慧
責任編輯	江婉瑄
內文排版	楊亞容
港澳經銷	泛華發行代理有限公司
定價	380 元
初版日期	2020年3月

國家圖書館出版品預行編目資料

機動戰士終極檔案 RX-78GP01 傑菲蘭沙斯
/ GA Graphic作；李貞慧翻譯. -- 初版. --
新北市：楓樹林，2020.03　面；　公分
ISBN 978-957-9501-62-0（平裝）

1. 玩具 2. 模型

479.8　　　　　　　　　　　109000741